쉽게 찾는

우리 곁의
곤충

쉽게 찾는

우리 곁의 곤충

초판 1쇄 발행 2022년 7월 27일

지은이 김 진

펴낸곳 도서출판 이비컴
펴낸이 강기원

디자인 이유진
편 집 한주희
마케팅 박선왜
표지 이미지 아이클릭아트

주소 (130-811) 서울 동대문구 천호대로81길 23, 201호
대표전화 (02)2254-0658 **팩스** (02)2254-0634
전자우편 bookbee@naver.com

등록번호 제6-0596호(2002. 4. 9)
ISBN 978-89-6245-200-6 (46490)

머리말

곤충들이 살아갈 환경이 점점 좁아지고 있습니다. 여전히 가까이하기에는 다소 부담스러운 존재로 인식하는 경향도 많고요. 곤충의 독특한 생김새와 특유의 서식 환경 때문에 달가워하지 않는 분들도 많습니다. 그럼에도 우리 곁에서 살아가는 곤충은 사람에게 많은 도움을 주고 있습니다. 세계 여러 나라에서는 정서곤충과 식용 곤충에 관한 관심과 개발이 활발하게 이루어지고 있습니다. 우리나라에서도 식용 곤충에 관한 관심이 높아지면서 더 이상 멀리할 생명체는 아닌 것 같습니다. 또한 사육하면서 관찰할 곤충도 다양해졌습니다. 곤충은 이제 우리와 함께하는 구성원임을 인정하지 않을 수 없습니다.

이 책은 호기심 많은 어린이와 청소년은 물론 성인들에게 일상생활의 주변과, 가까운 산과 들에서 흔히 볼 수 있는 곤충들을 정리한 도감입니다. 필자가 직접 관찰한 곤충들이며, 흔히 만날 수 있는 것을 중심으로 뽑았습니다. 그래서 가볍게 들고 다니다가 나비나 나방, 노린재, 풀벌레, 딱정벌레 등을 만나면 펼쳐 보면서 해당 곤충에 대한 생태적 특징을 찾아 배울 수 있게 하였습니다. 곤충별 Q&A와 부록 내용도 잘 활용하면 흥미로운 내용들을 발견하게 될 것입니다.

조언과 도움을 주신 김태완님(만천곤충박물관), 류재원님(이대 자연사 박물관), 이상현님(구리생태박물관), 여환현님, 지민주님과 이홍식님을 비롯한 곤충인계 감사드립니다. 곤충연구를 격려해주는 해외의 곤충연구가들께도 감사드립니다.

Dr. Patrice Bouchard(CANADA), Haruo Mizutani(JAPAN), Jan Fabre(BELGIUM, Artist), Christopher Marley(USA, CHRISTOPER MARLEY STUDIO) Thank you!

특별히 남이섬의 민경혁 부사장님과 정재우 팀장님께도 감사드립니다.
곤충연구를 응원하는 동생과 사랑하는 어머니께 이 책을 드립니다.
감사합니다.

2022년
김 진

이 책은 우리나라에서 흔히 만날 수 있는 곤충 140종을 나비와 나방, 잠자리와 풀벌레, 노린재와 매미류, 딱정벌레 등으로 분류하여 소개한 휴대용 곤충도감이다. 소개한 140여 가지의 곤충은 일상의 동네 주변이나 산속, 공원, 들판 등에서 쉽게 만날 수 있는 것들 중심으로 소개하였고, 곤충들의 서식 환경과 특징, 월동형태, 활동시기, 먹이식물 등을 알 수 있도록 소개하였다.

사진은 1장~4장까지 소개하였고 애벌레(알), 서식지, 먹이, 성충의 모습까지 담으려 노력하였다. 분류 곤충 끝에는 Q&A를 넣어 곤충에 관한 여러 가지 궁금증을 알려준다.

곤충 구분 ─

학명 ─

┌─ 곤충 상세 정보 해설

┌─ 곤충의 특징
　곤충 이름, 서식지
　먹이, 활동시기
　월동형태, 관찰장소

일러두기 및 곤충 채집 시 주의해야 할 사항

일러두기

- 저자가 직접 관찰한 곤충들로 꾸몄으며, 휴대하기 편리합니다.

- 4가지 분류로 총 138종의 곤충을 담았습니다.

- 계절별로 볼 수 있는 곤충과 익충 및 해충을 부록에 실었습니다.

- 대부분의 곤충 사진은 저자가 직접 촬영한 사진이지만 일부 사진은 도움을 받았고 제 공자의 저작권을 표시하였습니다.

- 분류별 곤충 뒤에는 곤충에 관한 흥미로운 정보를 담았습니다.

- 사진은 기본적으로 1장~4장을 담았습니다.

- 곤충의 정명과 학명은 국립수목원 국가생물종지식정보(곤충)와 국립중앙과학관(곤충 정보)의 표기법을 따랐습니다.

곤충 채집 및 관찰 시 주의해야 할 사항

- 멸종위기종이나 보호종은 채집하지 않습니다.(환경부 홈페이지 참고)

- 모자, 선크림을 사용하고, 독충에 물리지 않게 긴 옷과 등산화를 추천합니다.

- 지나친 채집을 삼가고 필요한 만큼만 채집합니다.

- 곤충 채집을 위해 주변의 풀이나 나무를 함부로 훼손하지 않습니다.

- 곤충을 채집하고 나면 주변을 깨끗하게 합니다.

- 생수나 초콜릿 등을 챙기고, 상비약을 준비합니다.

- 여름이나 가을철엔 모기나 진드기 기피제를 뿌리기 바랍니다.

차 례

나비와 나방

Q&A 나비와 나방에 대해 알고 싶은 것들

잠자리와 풀벌레들

Q&A 잠자리와 풀벌레에 관해 알고 싶은 것들

노린재와 매미류 외 곤충들

Q&A 노린재와 매미류에 관해 알고 싶은 것들

딱정벌레

Q&A 딱정벌레에 관해 알고 싶은 것들

부록

나비와 나방

나비와 나방은 '인시목(鱗 비늘 인 翅 날개 시 目 항목 목)'에 속한 곤충으로, 날개에 가루가 있는 곤충이라는 뜻이다. 날개에 가루가 있어 다양한 색을 내기도 하고, 빗물에 날개가 젖지 않게 도와준다. 나비는 주로 낮에 활동하고, 나방은 주로 밤에 활동하지만 낮에 활동하는 개체들도 많다.

알-애벌레-번데기-성충의 완전탈바꿈을 하며, 나비와 나방의 애벌레 대부분은 식물의 꽃과 잎을 갉아먹는다. 나방의 애벌레는 털이나 가시가 있는 경우가 많고, 찔리면 통증이 생기기도 한다. 그러나 나비와 나방은 성충이나 애벌레 모두 다른 곤충들이나 거미, 새들의 훌륭한 먹이자원으로도 활용되고 있으며, 색이 아름다워 수집 대상이 되기도 한다.

애호랑나비

먹이식물인 족도리풀

알에서 깨어난 애벌레

애호랑나비 번데기

우리나라 호랑나비 중 가장 작은

애호랑나비

전국의 각 산지(제주도, 울릉동 제외)   *Luehdorfia puziloi* (Erschoff, 1872)

🐛 먹이식물 : 족도리풀   ⏱ 활동시기 : 3~5월

🏠 월동형태 : 번데기   🔍 관찰장소 : 산 정상이나 능선부의 족도리풀 자생지

애호랑나비는 우리나라에서 볼 수 있는 호랑나비 중 가장 작다. 뒷날개 아래에 붉은 점무늬가 있으며, 온몸에 검은 털로 뒤덮여 있다. 날개 무늬가 호랑이 가죽 무늬를 닮았다. 작지만 빠르게 날아다니고, 산 정상이나 능선부에서 볼 수 있으며, 애벌레는 족도리풀 아랫면에서 관찰할 수 있다. 번데기 시기가 매우 길다.

호랑나비

먹이식물인 산초나무

다 자란 애벌레

호랑나비 번데기

노래로 친숙한 인기 나비, 아싸~

호랑나비

전국의 산지   *Papilio xuthus* Linnaeus, 1767

🍃 먹이식물 : 산초나무, 탱자나무, 황벽나무, 머귀나무 🕐 활동시기 : 3~11월

⌗ 월동형태 : 번데기 ✺ 관찰장소 : 산지 및 공원 꽃밭 및 민가 주변

호랑나비는 우리나라 어디에서나 관찰할 수 있다. 특히 봄에서 가을 사이 햇볕 쨍쨍한 맑은 날에 쉽게 만날 수 있다. 온몸에 호랑이처럼 줄무늬가 있으며, 뒷날개에는 파란 점무늬와 붉은 점무늬가 있다. 집 주변 공원에서도 관찰할 수 있고, 애벌레는 탱자나무나 산초나무처럼 운향과 식물(잎과 줄기에서 향기가 나는 식물)에서 볼 수 있다

산호랑나비(사육)

먹이식물인 갯방풍

애벌레

산호랑나비 번데기

진한 노란색의

산호랑나비

전국의 각 산지　　　　　　　　　　*Papilio machaon* Linnaeus, 1758

🍃 먹이식물 : 백선, 당귀, 방풍, 구릿대, 미나리, 당근 등　⏱ 활동시기 : 3~11월

🏠 월동형태 : 번데기　❌ 관찰장소 : 산지 및 계곡, 시골 민가 주변

산호랑나비는 주로 산지에서 만난다. 호랑나비와 닮았지만, 호랑나비보다 더 진한 노란색이고, 앞날개 안쪽에는 점무늬가 있어 구별할 수있다. 먹이식물은 호랑나비와 다르게 산형과 식물(우산 모양 꽃차례)을 먹는다. 애벌레는 백선, 방풍, 당근, 미나리, 구릿대의 잎이나 꽃대 등에서 관찰할 수 있고, 어린 애벌레는 새똥과 닮은 어두운색이다.

청띠제비나비

먹이식물인 후박나무

잎에서 발견된 애벌레

나뭇잎을 닮은 번데기

푸른색 무늬를 띤

청띠제비나비

전국의 산지   *Graphium sarpedon* (Linnaeus, 1758)

🍃 먹이식물 : 후박나무, 녹나무   🕐 활동시기 : 5~11월

🏠 월동형태 : 번데기   🔍 관찰장소 : 후박나무 자생지, 후박나무가 심어진 민가주변

청띠제비나비는 남해안과 울릉도에서 볼 수 있는 나비이다. 길쭉한 검정 바탕에 푸른색의 무늬가 정렬해 있다. 빠르게 날아다니며, 애벌레는 녹색 바탕에 노란색 줄무늬가 있다. 호랑나비과 나비 중 꼬리가 없는 것이 특징이다. 번데기는 나뭇잎을 닮았으며, 알은 후박나무의 붉은 새순에서 발견된다. 매우 아름다운 나비 중 하나이다.

19

사향제비나비

먹이식물 등칡

많이 자란 애벌레

사향제비나비 번데기

향기로운 냄새를 풍기는

사향제비나비

강원도, 경상도　　　　　　　　　　　　　*Byasa alcinous* (Klug, 1836)

🌿 먹이식물 : 등칡, 쥐방울덩굴　　🕐 활동시기 : 4~9월

🔖 월동형태 : 번데기　　📍 관찰장소 : 산림

사향제비나비는 한반도 전역에서 관찰할 수 있으나, 경기도와 강원도의 깊은 산 속에서 관찰이 더 쉽다. 낮은 저지대에서 관찰할 수 있다. 수컷은 짙은 검은색에 몸통은 붉은색이고, 뒷날개 가장자리에도 붉은 점무늬가 있다. 암컷도 비슷하나, 색은 조금 밝다. 수컷은 이름에 걸맞게 향기로운 냄새가 난다.

제비나비

먹이식물인 머귀나무

제비나비 애벌레

먹이활동(전남 홍도)

제비를 닮은 날개 색

제비나비

우리나라 전역의 낮은 산지 및 섬   *Papilio bianor* Cramer, 1777

🌿 먹이식물 : 머귀나무, 산초나무, 황벽나무, 탱자나무 등   🕐 활동시기 : 4~9월

🏠 월동형태 : 번데기   ✪ 관찰장소 : 산 속 임도 및 계곡주변, 섬 등

제비나비는 우리나라 전역과 부속 섬에서 볼 수 있다. 산속 저지대와 주변 공원에서 볼 수 있고, 검은색 바탕에 초록색 점이 뿌려진 모습이다. 뒷날개 가장자리는 붉은 점무늬가 있으며, 날개 아랫면은 어두운색이다. 애벌레는 호랑나비 애벌레와 비슷해 보이지만, 얼룩이 많고, 노란색 줄무늬가 있어 호랑나비 애벌레와는 구별하기 쉽다.

남방제비나비   먹이식물 머귀나무

사육중인 애벌레   자귀나무에서 먹이활동

남부지방에서 만나는

남방제비나비

전라남도, 경상남도 및 제주도와 섬 지역   *Papilio protenor* Cramer, 1775

🦋 먹이식물 : 머귀나무, 산초나무, 황벽나무, 탱자나무 등   🕐 활동시기 : 4~9월
🏠 월동형태 : 번데기   🔍 관찰장소 : 저지대, 민가주변 및 공원 등

남방제비나비는 이름 그대로 우리나라 남부지방에서 볼 수 있다. 날개
는 큰 편이고, 뒷날개에 있는 꼬리돌기는 작고 뭉툭하다. 수컷은 푸른빛
이 도는 검은색이고, 암컷은 수컷에 비해 조금 밝고, 뒷날개에 있는 붉은
점무늬가 수컷보다 크다. 번데기는 호랑나비 번데기보다 크고, 머리가
위로 솟아있으며, 머리에 있는 뿔 같은 돌기가 유독 크다.

유채의 꿀을 먹는 갈고리흰나비

먹이식물인 냉이

잎 뒤의 알 (원 안)

윗날개 끝이 구부러진

갈고리흰나비

전국   *Anthocharis scolymus* Butler, 1866

🌿 먹이식물 : 냉이, 털장대, 장대나물   ● 활동시기 : 4~5월

🏠 월동형태 : 번데기   🔍 관찰장소 : 낮은 산지, 농경지 및 하천 주변 등

'갈구리나비'라고도 부른다. 갈고리흰나비는 윗날개 끝이 갈고리처럼 구부러져 있다. 수컷은 윗날개 끝이 노란색이고, 암컷은 어두운색이다. 날개 끝을 제외하면 흰색이고, 윗날개 가운데에 검은 점무늬가 있다. 뒷날개 아랫면은 어둡게 얼룩진 흰색이다. 번데기는 기다란 가시를 닮았다.

꿀을 빠는 성충

배추흰나비 애벌레

먹이식물 중 하나인 유채

어디서나 흔히 보는

배추흰나비

전국　　　　　　　　　　　　　　　　　　　　　　*Pieris rapae* (Linnaeus, 1758)

🌿 먹이식물 : 배추, 무, 케일, 유채 등　🕐 활동시기 : 3~11월

⚏ 월동형태 : 번데기　🔍 관찰장소 : 민가주변, 공원, 하천주변 등

배추흰나비는 우리 주변에서 흔하게 볼 수 있는 나비이다. 흰 바탕에 윗
날개 끝부분에는 검은 무늬가 조금 있고, 점무늬도 작다. 배추나 케일 같
은 식물이 심어진 밭 주변이나, 공원 등에서도 쉽게 만날 수 있다. 먹이
식물은 배추, 케일, 무 등이다. 봄, 가을 배추흰나비 애벌레가 배춧잎, 케
일 등을 마구 갉아먹어 농가에 피해를 주기도 한다.

나뭇가지에서 휴식을 취하는 노랑나비

서식지

얼치기완두에서 발견된 알 (원 안)

노란색 바탕의 날개

노랑나비

전국   *Colias erate* Esper, 1805

🍃 먹이식물 : 토끼풀, 자운영, 돌콩, 얼치기완두 등   ⏱ 활동시기 : 3~11월

🏠 월동형태 : 번데기   ✖ 관찰장소 : 민가주변, 공원, 하천주변 등

노랑나비는 배추흰나비와 같이 우리나라 어디에서나 볼 수 있다. 몸은 전체적으로 노란색이고, 앞날개는 가장자리와 점이 검은색이며, 뒷날개는 가장자리에는 검정 점무늬가, 가운데에는 짙은 노란색이다. 수컷은 노란색이고 암컷은 노란색과 흰색에 가까운 개체도 많으며, 빠르게 날아다닌다.

남방노랑나비

동면에서 깨어난 성충

남방노랑나비 애벌레

먹이식물인 자귀나무

계절에 따라 색이 다른

남방노랑나비

남부지방   *Eurema hecabe* (Linnaeus, 1758)

🍃 먹이식물 : 자귀나무, 비수리   🕐 활동시기 : 1년 내내

🏠 월동형태 : 성충   ❌ 관찰장소 : 산기슭, 민가주변

남방노랑나비는 극남노랑나비와 비슷하지만, 날개의 형태나 무늬가 조금씩 다르다. 특히 봄에 나타나는 나비는 밝은 노란색이지만, 가을이 되면 노란색이 많이 빠진다. 날개는 둥근 형태이고, 윗날개의 가장자리에는 굵은 검정 무늬가 있다. 애벌레는 가장자리에 줄무늬가 있으며, 비수리와 자귀나무에서 볼 수 있다.

나뭇가지의 극남방노랑나비

먹이식물인 차풀

죽은 성충

계절 변이가 심한

극남노랑나비

남부지방   *Eurema laeta* (Boisduval, 1836)

🍃 먹이식물 : 차풀   🕐 활동시기 : 3~11월

🏠 월동형태 : 성충   🔍 관찰장소 : 산기슭, 민가주변

극남노랑나비는 제주도, 경상도, 전라도 등 주로 남부지방에서 서식한
다. 남방노랑나비와 비슷해 보이지만, 날개 색은 조금 어둡고, 윗날개
의 검정 무늬가 남방노랑나비와 다르다. 뒷날개 아랫면은 남방노랑나
비에 비해 어둡다. 계절에 따른 변이가 나타나며 먹이식물은 차풀이고,
애벌레는 남방노랑나비와 비슷하다.

각시멧노랑나비

서식지(무등산국립공원)

활동 중인 각시멧노랑나비

노란색 꽃잎 닮은

각시멧노랑나비

내륙 산지   *Gonepteryx aspasia* Ménétriès, 1859

🍃 먹이식물 : 갈매나무   🕐 활동시기 : 6월 중순~9월 말(7월 중순~8월 말까지 여름잠을 잔다)

🏠 월동형태 : 성충   🔍 관찰장소 : 임도를 포함한 산림

각시멧노랑나비는 노란색 꽃잎을 닮은 아름다운 나비이다. 집 근처 야산보다는 높은 산에서 만날 수 있다. 윗날개 가장자리에는 작은 검정 점무늬가 있으며, 윗날개와 아랫날개 중심부에는 붉은 점무늬가 있다. 먹이식물은 갈매나무이며, 갓 산란한 알은 노란색이나, 시간이 흐르면 빨갛게 변한다. 암컷 색깔은 수컷과 달리 연둣빛을 띤다.

암컷 성충(표본)

날개를 접은 모습

칡꽃에서 발견된 애벌레

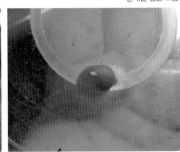

매우 작은 번데기

칡 주변에서 만나는

뾰족부전나비

남부지방, 제주도   *Curetis acuta* Moore, 1887

🌿 먹이식물 : 칡, 등나무   ⏱ 활동시기 : 9~11월

🏠 월동형태 : 성충으로 동면할 가능성이 큼   🔍 관찰장소 : 산기슭이나 민가주변 칡밭

부전나비 중 크고, 날개 뒷면은 은색 가루로 덮여있다. 날개를 펼치면 수컷은 붉은 무늬, 암컷은 회색 무늬가 있다. 애벌레는 칡의 꽃과 새순 등을 좋아하고, 번데기는 매우 작다. 애벌레는 꼬리 부분에 2개의 돌기 가 있으며, 위협을 받으면 돌기에서 촉수를 꺼내 흔든다. 성충은 빠르 게 날며, 칡이 있는 곳에서 발견된다.

29

남방부전나비

괭이밥

괭이밥 잎 위의 애벌레

오뚜기를 닮은 번데기

오뚜기 모양의 번데기

남방부전나비

중·남부지방   *Zizeeria maha* (Kollar, 1844)

먹이식물 : 괭이밥   활동시기 : 4~11월

월동형태 : 애벌레   관찰장소 : 산기슭이나 들판, 민가주변

남방부전나비는 우리나라 중부와 남부지방(월악산, 치악산, 지리산, 무등산, 한라산 주변의 들판)에서 볼 수 있다. 수컷은 푸른색에 날개의 가장자리는 검은색이다. 암컷은 수컷보다 날개가 더 어두운 편이며, 날개 아랫면은 흰색 또는 은회색에 검은색 점무늬가 잘 배열되어 있다. 애벌레는 괭이밥에서 발견된다.

푸른부전나비

족제비싸리

꽃을 먹는 애벌레

잎 위의 번데기

양지바른 곳에서 만나는

푸른부전나비

| 전역 | *Celastrina argiolus* Linnaeus, 1758 |

먹이식물 : 칡, 싸리나무, 족제비싸리 등 　 활동시기 : 3~10월

월동형태 : 번데기 　 관찰장소 : 숲 가장자리, 하천변, 공원(싸리 같은 콩과 식물이 많은 곳)

푸른부전나비는 우리나라 전역에서 볼 수 있는 나비이다. 남방부전나
비와 비슷하게 생겼고 색은 연한 푸른색이며, 날개 아랫면은 은색에 가
까운 흰색이다. 날개 아랫면의 까만 점무늬는 남방부전나비에 비해 크
기도 작고 많지 않다. 애벌레는 싸리류 등의 먹이식물 꽃대에서 자주
발견된다.

31

바둑돌부전나비

서식장소인 신이대

진딧물을 먹는 애벌레

진딧물을 먹고 사는

바둑돌부전나비

우리나라 중남부, 섬 지역   *Taraka hamada* (Druce, 1875)

먹이 : 일본납작진딧물   활동시기 : 7~8월

월동형태 : 애벌레   관찰장소 : 숲 가장자리, 공원주변

바둑돌부전나비는 대나무 숲이나 신이대 군락지 등의 빛이 다소 적게 들어오는 곳에서 산다. 날개 윗면은 검정, 아랫면은 흰 바탕에 바둑알을 수놓은 듯한 무늬를 가지고 있어 바둑돌부전나비라는 이름이 붙었다. 애벌레는 육식성으로 대나무 잎이나 이대 잎 등에 붙은 일본납작진 딧물 등을 먹는다.

작은주홍부전나비

먹이인 소리쟁이

잎 위의 애벌레

주홍색을 띤

작은주홍부전나비

우리나라 전역   *Lycaena phlaeas* (Linnaeus, 1761)

🍃 먹이식물 : 소리쟁이   🕐 활동시기 : 4~10월

🏠 월동형태 : 번데기 🔍 관찰장소 : 숲 가장자리, 하천변, 공원주변

작은주홍부전나비는 산지 주변 숲 가장자리 등에서 흔하게 관찰할 수
있는 나비이다. 주홍색 바탕의 윗날개는 흑갈색 테두리로 검은 점무늬
가 있으며, 아랫날개 안쪽은 흑갈색 무늬이고 바깥 테두리는 주홍색 띠
와 검은 점무늬로 이루어졌다. 주홍색 바탕의 날개 때문에 비교적 쉽게
눈에 띈다.

33

쇳빛부전나비

진달래

꽃잎을 먹는 애벌레

날개를 펼치면 푸르스름한

날개를 펼치면 푸르스름한

쇳빛부전나비

우리나라 전역   *Callophrys ferrea* (Butler, 1866)

🌿 먹이식물 : 진달래, 철쭉   🕐 활동시기 : 4~5월

🏠 월동형태 : 번데기   ❌ 관찰장소 : 숲 가장자리

쇳빛부전나비는 4~5월 봄에만 볼 수 있는 나비로 산림에서 관찰할 수 있다. 날개를 접으면 어두운 갈색이지만, 날개를 펼치면 쇳빛의 파르스름한 날개가 반짝인다. 숲 가장자리에서 산길이나 숲 사이를 빠르고 민첩하게 날아다닌다. 참고로 부전나비에서 '부전'은 오래전 여자아이들이 차고 다니던 노리개의 하나라고 한다(표준국어대사전 인용)

담색긴꼬리부전나비

참나무 잎을 먹는 애벌레

잎 위의 번데기

나른한 오후에 만나는

담색긴꼬리부전나비

우리나라 내륙 산지   *Antigius butleri* (Fenton, 1882)

🍃 먹이식물 : 신갈나무, 갈참나무 등   🕐 활동시기 : 6~8월

🏠 월동형태 : 알   ⊗ 관찰장소 : 잡목림 주변, 임도 참나무군락지 등

담색긴꼬리부전나비는 숲속에서 볼 수 있는 나비이다. 참나무 숲에서 관찰할 수 있으며, 나무 위를 빠르게 날아다닌다. 날개를 펼치면 어두운 담흑색이지만, 날개를 접으면 흰 바탕에 굵은 줄무늬와 작은 점무늬가 있으며, 꼬리돌기 부분엔 눈알 무늬도 있다.

은날개녹색부전나비

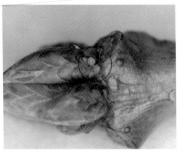

참나무 새순에 있는 알 (원 안)

사육중인 애벌레

애벌레 그림 ⓒ손상규

반짝거리는 은날갯빛

은날개녹색부전나비

중·북부지방, 전남과 경남 일부　　　　　*Favonius saphirinus* (Staudinger, 1887)

🍃 먹이식물 : 떡갈나무, 신갈나무, 갈참나무 등　⏱ 활동시기 : 6~8월

🏠 월동형태 : 성충으로 동면할 가능성이 큼　🔍 관찰장소 : 숲 속 참나무 군락지

날개 편 길이가 40mm가 채 되지 않는 작지만 아름다운 나비이다. 수컷은 푸른색에 가까운 녹색이며, 날아다닐 때 반짝거린다. 특히 '은날개'라 붙여진 이름답게, 날개 아랫면은 은색이어서 더욱 아름답다. 전체적으로 어두운 암컷도 날개 아랫면은 은회색을 가지고 있다. 애벌레도 갈색에 가까워 새순에 있으면 관찰이 어렵디.

물결부전나비

먹이식물인 편두

꽃봉오리를 먹는 애벌레

나는 힘이 강한

물결부전나비

우리나라 남해안 및 섬지역　　　　　　　　　　　*Lampides boeticus* (Linnaeus, 1767)

🍃 먹이식물 : 편두　⏱ 활동시기 : 7~11월

🏠 월동형태 : 성충　🔍 관찰장소 : 숲 가장자리, 민가 공원주변

물결부전나비는 제주도와 남해안에서 볼 수 있으며, 주로 편두(까치콩)
를 재배 중인 곳에서 볼 수 있다. 외국에서 날아온 '길 잃은 나비'지만,
아름다운 나비이다. 나는 힘이 강해 먼 거리 이동이 가능하다. 날개를
펼치면 연한 푸른색이고, 날개 아랫면은 흰 줄무늬가 물결을 치는 듯한
모양을 하고 있다.

왕자팔랑나비

참마 잎 위의 알

잎을 잘라 집을 만든 애벌레

해 질 녘에 팔랑거리는

왕자팔랑나비

우리나라 전역   *Daimio tethys* (Ménétriès, 1857)

🍃 먹이식물 : 참마, 마, 단풍마   🕐 활동시기 : 5~9월

🏠 월동형태 : 애벌레   📍 관찰장소 : 숲 가장자리, 민가 공원주변

왕자팔랑나비는 5~9월 전국 각지의 숲 가장자리나 민가 주변에서 흔하게 관찰할 수 있다. 주로 해 질 녘에 활동하고 검정 바탕에 흰 점무늬가 있으며, 빠르게 날아다니다가 잎 위에 앉아 쉬는 걸 볼 수 있다. 애벌레는 먹이식물의 잎을 잘라 집으로 사용한다. 팔랑나비 종류의 나비는 대개 나방과 더 비슷하다.

줄점팔랑나비

잎으로 만든 집   집에서 나온 애벌레

나방 닮은 나비

줄점팔랑나비

전국 각지   *Parnara guttata* (Bremer et Grey, 1852)

먹이식물 : 강아지풀, 사초 등   활동시기 : 5~10월

월동형태 : 애벌레   관찰장소 : 숲 가장자리, 민가 공원주변

줄점팔랑나비는 5~10월 전국에서 흔하게 볼 수 있는 나비로 날개에는 갈색의 흰 점이 나 있다. 앉을 때는 날개를 반만 접은 상태로 앉아 있으며, 그래서 더 나방 같아 보이는 것일까? 강아지풀이 있는 풀밭을 빠르게 날아다닌다. 애벌레는 먹이식물의 잎을 반으로 접어 실로 엮어 집을 만든다.

대왕팔랑나비 ⓒ지민주

동면중인 애벌레의 집

3령 애벌레(동면)

우리나라 팔랑나비왕

대왕팔랑나비

경기도, 강원도, 지리산   *Satarupa nymphalis* (Speyer, 1879)

🍃 먹이식물 : 황벽나무   🕐 활동시기 : 6~8월

🏠 월동형태 : 애벌레   ✖ 관찰장소 : 숲 가장자리

대왕팔랑나비는 우리나라 팔랑나비 중에서 가장 크며, 숲속에서 살아간다. 앞날개는 검정 바탕에 흰 점무늬가 있으며, 뒷날개의 흰 점무늬는 앞날개보다 더 크다. 6~8월 주로 고산지대에서 활동하며 개체수가 그다지 많지 않다. 애벌레는 황벽나무의 잎을 잘라서 생활한다. 성충은 7월에 꽃에 모여든다.

푸른큰수리팔랑나비

나도밤나무 ⓒ여환현

사육중인 애벌레

푸른 털로 덮인

푸른큰수리팔랑나비

남부지방   *Choaspes benjaminii* Murray, 1875

🌿 먹이식물 : 나도밤나무, 합다리나무   🕐 활동시기 : 5~8월

🏠 월동형태 : 번데기   ❌ 관찰장소 : 활엽수림

푸른큰수리팔랑나비는 남해안 일부 지역에서만 볼 수 있는 나비이다.
이른 아침과 초저녁 무렵에 주로 활동한다. 나도밤나무나 합다리나무
가 있는 잡목림에서 만날 수 있으며, 온몸은 녹색에 가까운 푸른 털로
뒤덮여 있고 광택이 난다. 날개도 푸른색이지만, 시맥이 검정 줄무늬처
럼 나 있으며, 뒷날개에는 붉은 점무늬가 있다.

41

뿔나비

팽나무

뿔나비 애벌레

머리돌기가 **뿔** 같은

뿔나비

우리나라 전역 · · · · · · · · · · · · · · · · · · *Libythea lepita* Moore, 1858

🐛 먹이식물 : 팽나무, 풍개나무   ⏰ 활동시기 : 3~11월

🏠 월동형태 : 성충   🔍 관찰장소 : 휴양림, 임도, 계곡 주변 등

뿔나비는 3월~11월까지 전국의 숲이나 휴양림, 계곡 주변에서 볼 수 있는데 여름이 특히 활동이 잦고, 다수의 개체가 물을 마시기 위해 모여드는 경우가 많다. 앞날개는 갈색에 붉은 점무늬가 있고, 윗날개 가장자리 부근에는 흰 점무늬도 보인다. 머리돌기가 뾰족해서 튀어나와 뿔처럼 보여서 뿔나비라는 이름이 붙었다.

먹그림나비

나도밤나무 ⓒ여환현

갉아먹은 잎 끝의 애벌레

먹물색 날갯 빛깔

먹그림나비

남부지방   *Dichorragia nesimachus* (Doyère, [1840])

🌿 먹이식물 : 나도밤나무   🕐 활동시기 : 5~8월

🏠 월동형태 : 번데기   ✖ 관찰장소 : 숲속 임도 및 계곡 등

먹그림나비는 남부지방에서 볼 수 있는 나비로, 온몸이 먹물로 그림을 그린 듯 한 색을 가지고 있으며, 하얀 점무늬도 있다. 햇빛을 받으면 반짝거리기도 한다. 빠르게 날아다니며, 계곡 주변이나 등산객 주위를 날아다니기도 한다. 애벌레는 잎의 시맥 주변을 갉아 먹으며, 갉아먹은 잎 끝 부분에 머무르기도 한다.

일광욕을 하는 성충

먹이식물인 환삼덩굴

네발나비 애벌레

잎을 실로 엮어 만든 집

날개를 접으면 낙엽 같은

네발나비

우리나라 전역 　　　　　　　　　　　　　　　　　*Polygonia c-aureum* (Linnaeus, 1758)

🍃 먹이식물 : 환삼덩굴　　🕐 활동시기 : 1년 내내

🏠 월동형태 : 성충　　🔍 관찰장소 : 민가주변, 산기슭

앞다리가 퇴화하여 가운뎃다리와 뒷다리로만 앉기 때문에 '네발나비'로 불린다. 네발로 앉은 나비들은 종류가 많다. 전국의 낮은 지역에서 볼 수 있고, 먹이식물인 환삼덩굴 역시 전국에서 매우 흔하게 볼 수 있다. 날개 가장자리는 울퉁불퉁하고, 황갈색 바탕에 검은 점무늬가 있다. 날개를 접으면 낙엽과 거의 똑같아 좀처럼 구분이 어렵다.

청띠신선나비

선밀나물 ⓒ여환현

잎 뒤의 애벌레 ⓒ여환현

돋보이는 푸른 줄무늬 띠

청띠신선나비

전국 · · · · · · · · · · · · · · · *Kaniska canace* (Linnaeus, 1763)

🌿 먹이식물 : 선밀나물, 청가시덩굴, 청미래덩굴 등   🕐 활동시기 : 1년 내내(연 2~3회)

🏠 월동형태 : 성충   ✖ 관찰장소 : 산림, 계곡, 민가주변 등

청띠신선나비는 흔한 나비로 산지와 주변 공원에서 만날 수 있다. 날개
는 어두운색이지만, 가장자리에 푸른 줄무늬가 띠처럼 있으며, 날개 아
랫면은 어두운 갈색으로 낙엽을 닮았다. 빠르게 날아다니며, 썩은 과일
이나 사람의 땀에도 모여든다. 애벌레는 온몸에 가시가 있으며, 먹이식
물 잎 뒤에 몸을 말고 있다.

일광욕을 하는 성충 ⓒ여환현

가는잎쐐기풀

공작나비 애벌레

공작새가 떠오르는

공작나비

강원도 일부   *Aglais io* (Linnaeus, 1758)

🍃 먹이식물 : 가는잎쐐기풀, 홉   🕐 활동시기 : 6월~이듬해 5월

🏠 월동형태 : 성충   ✪ 관찰장소 : 휴양림, 산림, 임도, 휴양림 주변 등

공작나비는 강원도 깊은 숲속에서 살며 앞날개는 붉은 바탕에 붉고 푸른 점무늬가 마치 공작의 화려한 깃털처럼 박혀 있다. 날개 윗면의 눈알무늬가 공작새 깃털과 닮았다 하여 공작나비라고 부른다. 날개 아랫면은 어두운색이며, 서식지 주변의 숲길이나 계곡, 휴양림 등 먹이식물 주변에서 볼 수 있다. 애벌레는 먹이식물에 무리 지어 생활한다.

성충

먹이식물인 조팝나무

사육중인 애벌레

낙엽을 닮은 번데기

밤하늘의 별 같은

별박이세줄나비

전국   *Neptis pryeri* Butler, 1871

🍃 먹이식물 : 조팝나무   🕐 활동시기 : 5~10월

🏠 월동형태 : 애벌레   ✖ 관찰장소 : 낮은 산지와 그 주변

별박이세줄나비는 5~10월 전국 각지의 낮은 산지에서 관찰할 수 있다. 뒷날개 바탕은 거무죽죽한 암갈색이며 앞면은 암갈색 바탕에 흰 줄무늬들이 나 있다. 특히 뒷날개 아랫면에 검은색 점들이 밤하늘의 별이 박힌 것처럼 배열되어 별박이세줄나비로 이름 붙여졌다. 애벌레는 숲 속 조팝나무의 잎에서 관찰할 수 있다.

수컷

어두운색의 암컷

제비꽃이 있는 서식지

잎을 먹는 애벌레

암수 색깔이 확연히 다른

암검은표범나비

우리나라 전역   *Argynnis sagana* Doubleday, 1847

🍃 먹이식물 : 제비꽃류 🕐 활동시기 : 6~9월

🏠 월동형태 : 애벌레 ✖ 관찰장소 : 민가주변, 산기슭, 임도 등

6~9월 우리나라 전역에서 국지적으로 나타나는 암검은표범나비는 수
컷과 암컷의 색이 완전히 달라 구별이 쉽다. 수컷은 연갈색 바탕에 가장
자리에는 검은 점무늬가 있으며, 날개 안쪽은 줄무늬와 연한 점무늬를
띤다. 암컷은 검은 바탕에 흰 점무늬가 있다. 애벌레는 검정 바탕에 뿔
같은 돌기가 머리에 있으며, 온몸에 노란색 가시가 있다.

일광욕을 하는 수컷

꽃에 앉은 암컷

제비꽃

잎을 먹는 애벌레

암컷 날개 끝이 검은

암끝검은표범나비

남부지방, 제주도   *Argynnis hyperbius* (Linnaeus, 1763)

🍃 먹이식물 : 제비꽃류 ⏱ 활동시기 : 3-10월

🏠 월동형태 : 애벌레 🔍 관찰장소 : 민가주변, 산기슭

암끝검은표범나비는 이름 그대로 암컷의 날개 가장자리가 검다. 수컷
은 연한 오렌지색에 검은 점무늬가 있으며, 뒷날개 끝은 검은 무늬가
띠처럼 있다. 암컷은 수컷과 비슷하지만, 어두운 남색에 흰 점무늬가
있어 수컷과 구별된다. 애벌레는 검정 바탕에 붉은 가시가 있으며, 몸
통 가운데에 붉은 줄무늬가 있다.

일광욕 하는 성충

서식지

먹이식물인 쑥

작은멋쟁이나비

전국 각지 *Vanessa cardui* (Linnaeus, 1758)

🍃 먹이식물 : 쑥 🕐 활동시기 : 4~9월

🏠 월동형태 : 성충 ✖ 관찰장소 : 민가주변, 산기슭, 공원 등

작은멋쟁이나비는 봄부터 가을까지 각지에서 쉽게 만날 수 있는 나비
이다. 밝은 갈색 바탕에 검은 점무늬가 있으며, 윗날개 끝은 하얀 점무
늬가 섞인 검은색이다. 뒷날개 아랫면은 얼룩이 졌으며, 눈알 무늬가 2
개씩 박혀있다. 애벌레는 몸에 가시돌기가 나 있고 먹이식물인 쑥에서
만날 수 있다.

일광욕 하는 수컷

모시풀

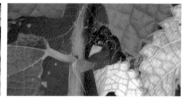

잎으로 만든 집 속의 애벌레

인기척에 민감한

큰멋쟁이나비

전국 각지   *Vanessa indica* (Herbst, 1794)

🍃 먹이식물 : 모시풀, 거북꼬리, 가는잎쐐기풀, 느릅나무 등   🕐 활동시기 : 3~11월

🏠 월동형태 : 성충   📍 관찰장소 : 민가주변, 산기슭

인기척에 매우 민감한 큰멋쟁이나비는 전국 각지의 시골이나 저지대
및 섬에서 볼 수 있으며, 빠르게 날아다닌다. 작은멋쟁이나비와 비슷
해 보이지만 크기가 더 크고, 색도 더 짙고 붉다. 뒷날개 아랫면은 어두
운(짙은) 갈색이 얼룩져 있다. 애벌레는 암갈색에 모시풀의 잎으로 집을
만들어 그 안에서 살아간다.

51

일광욕 하는 성충

서식지

먹이식물인 쑥

홍점알락나비

전국 각지   *Hestina assimilis* (Linnaeus, 1758)

🍃 먹이식물 : 쑥   🕐 활동시기 : 4~9월

🏠 월동형태 : 성충   ✖ 관찰장소 : 민가주변, 산기슭, 공원 등

숲에서 살아가는 홍점알락나비는 검은 바탕에 흰 줄무늬가 있으며, 뒷
날개 가장자리에 붉은 점무늬가 있어 '홍점알락나비'라고 부른다. 애벌
레는 흑백알락나비와 비슷하지만, 체형이 더 뚱뚱하고, 몸통 가운데의
돌기가 큰 편이다. 먹이식물은 팽나무, 풍게나무이다. 봄형과 여름형에
따라 크기와 날개 색에 약간의 편차가 있다.

일광욕 하는 수컷

모시풀

잎으로 만든 집 속의 애벌레

수액을 먹고 사는

흑백알락나비

전국 각지 　　　　　　　　　　　　　　　　*Hestina japonica* (C. et R. Felder, 1862)

🍃 먹이식물 : 모시풀, 거북꼬리, 가는잎쐐기풀, 느릅나무 등　🕐 활동시기 : 3~11월
🏠 월동형태 : 성충　❌ 관찰장소 : 민가주변, 산기슭

숲에서 나무 수액을 빨아먹고 살아가는 흑백알락나비는 검은 바탕에
흰 줄무늬가 있으며, 봄에 나타나는 나비는 검은색 무늬가 적어 흰 바
탕에 검은 줄무늬가 있는 것처럼 보인다. 그러나 여름에 나타나는 나비
는 검은 줄무늬가 더 크고 굵다. 애벌레는 홍점알락나비와 비슷하지만,
체형이 더 가늘고, 몸통의 돌기 더 작다.

큰 날개를 가진 왕나비

박주가리

채집한 왕나비

높이 나는 큰 나비

왕나비

제주도, 남해안, 지리산, 강원도 일대 　　　　　　　　　　　*Parantica sita* (Kollar, 1844)

🍃 먹이식물 : 박주가리, 큰조롱, 나도은조롱 등 　🕒 활동시기 : 3~9월

🏠 월동형태 : 성충 　❌ 관찰장소 : 숲 속 활엽수림, 산 정상부근 등

왕나비는 우리나라에서 가장 큰 나비(날개를 편 길이 약 9.5~10㎝)로, 5~9월
경 큰 날개를 펼쳐 하늘 높이 날아다닌다. 윗날개는 검은 바탕에 반투
명한 흰색, 아랫날개는 자갈색 바탕에 반투명한 흰색이다. 제주도와 남
부지방을 중심으로 관찰할 수 있고, 여름에는 강원도 고산지대에서도
관찰할 수 있다.

성충

치자나무

사육 중인 애벌레

투명날개를 가진

줄녹색박각시

전국 각지 산림 및 섬 등   *Cephonodes hylas* (Linnaeus, [1771])

🐛 먹이식물 : 치자나무   🕐 활동시기 : 7~10월

🏠 월동형태 : 번데기   ✖ 관찰장소 : 산기슭이나 민가주변

'줄녹색박각시나방'이라고도 한다. 줄녹색박각시는 황록색의 몸에 투명한 날개를 달고 있으며 노란색과 붉은 줄무늬도 있다. 우화 직후에는 날개가 흰 가루로 덮여있지만, 활동 직전 날개를 움직여 가루를 털어낸다. 따뜻한 남쪽 지방에서 볼 수 있고, 먹이식물은 치자나무이다. 빠르게 날아다녀서 관찰하기가 다소 어렵고, 꽃의 꿀을 빨아 먹는다.

벌꼬리박각시

서식지

줄기 위의 애벌레

위협 앞에 꼬리를 세우는

벌꼬리박각시

전국 각지   *Macroglossum Pyrrhosticum* (Butler, 1875)

🍃 먹이식물 : 계요등   ⏰ 활동시기 : 6~10월

🏠 월동형태 : 성충   ⚔ 관찰장소 : 민가주변, 산기슭, 공원 등

전국 각지에 사는 벌꼬리박각시는 회갈색 바탕에 짙은 갈색 줄무늬가 있다. 뒷날개 안쪽은 갈색이고 배의 끝부분에는 털 뭉치가 있다. 위협을 느끼면 꼬리를 치켜드는 행동을 하며, 앞날개의 밑은 황색을 띤다. 애벌레는 먹이식물인 계요등의 줄기에서 발견된다. 몸통에 비해 머리가 작아 뾰족한 느낌이 든다.

벽면에 붙은 성충

계요등

줄기 위의 애벌레

작은 벌꼬리박각시

애벌꼬리박각시

전국 각지   *Aspledon himachala* sangaica (Butler, 1875)

🌿 먹이식물 : 계요등   🕐 활동시기 : 6~10월

🏠 월동형태 : 성충   ✖ 관찰장소 : 민가주변, 산기슭, 공원 등

벌꼬리각시와 비슷한 환경에서 사는 애벌꼬리박각시는 벌꼬리박각시의 소형 종으로 보면 된다. 여러모로 비슷하지만, 크기가 더 작고 색도 더 어둡다. 어두운 갈색에 거무스름한 점무늬가 있으며, 뒷날개에는 갈색 무늬가 있다. 날개 가장자리는 굴곡이 있으며, 배 부분의 털 뭉치도 작다. 애벌레는 계요등에서 발견되는데, 머리를 드는 모습을 한다.

57

콩박각시 성충

애벌레

애벌레와 배설물

날개 털이 담요 같은

콩박각시

전국 각지   *Clanis bilineata* (Walker, 1886)

🌿 먹이식물 : 등나무, 아까시나무, 싸리나무 등   🕐 활동시기 : 5~9월

🏠 월동형태 : 번데기   ❌ 관찰장소 : 산기슭이나 민가주변

콩박각시는 날개를 편 길이가 9.5~10.5cm 내외로 나방 중에서도 비교적 큰 몸에 날개도 두툼한 편이다. 날개를 덮은 털은 마치 담요 느낌이 나기도 한다. 전체적으로는 연한 갈색이지만, 약간 짙은 갈색 무늬가 있으며, 밤에 주로 가로등에 모여든다. 애벌레는 등나무 등 콩과식물에서 관찰할 수 있으며, 보통 애벌레가 있으면 주변에 배설물도 같이 보인다.

벽면에 붙은 성충

으름덩굴

뱀을 닮은 애벌레

애벌레가 독특하게 생긴

으름큰나방

전국 각지   *Eudocima tyrannus* (Guenée, 1852)

🍃 먹이식물 : 으름덩굴   ⏱ 활동시기 : 7~8월

🏠 월동형태 : 성충   🔍 관찰장소 : 산기슭이나 민가주변

으름큰나방은 날개를 활짝 펼치지 않으면 마치 벽에 낙엽이 붙은 모
습으로 착각할 수 있다. 머리에는 돌기가 있으며, 윗날개는 갈색, 아
랫날개는 진한 노란색에 검은 무늬가 있다. 갈색의 애벌레는 마치 눈
알 무늬를 일부러 그려 넣은 것 같고 형태는 작은 뱀 같아 매우 독특
하다.

애으름큰나방 성충

으름덩굴

낙엽을 닮은 모습

댕댕이덩굴을 좋아하는

애으름큰나방

전국 각지   *Eudocima phalonia* (Linnaeus, 1763)

🍃 먹이식물 : 댕댕이덩굴, 으름덩굴   ⏰ 활동시기 : 7~8월

🏠 월동형태 : 성충   🔍 관찰장소 : 산기슭이나 민가주변

애으름큰나방은 으름큰나방과 비슷하지만, 조금은 다르다. 윗날개는
더 어둡고, 얼룩이 더 많으며, 아랫날개의 검은 무늬도 가운데와 가장
자리에 있다. 머리에 있는 돌기도 더 작고 가느다랗다. 애벌레는 으
름덩굴보다 댕댕이덩굴을 더 선호하며, 색도 으름큰나방 애벌레보다
더 어둡다.

날개를 접은 모습

날개를 편 모습(표본)

거북꼬리

종령 애벌레

아랫날개가 돋보이는

암청색줄무늬밤나방

전국 각지   *Arcte coerula* (Guenée, 1852)

🌿 먹이식물 : 거북꼬리, 모시풀   🕐 활동시기 : 7~10월

🏠 월동형태 : 성충   ✖ 관찰장소 : 산기슭이나 민가주변

암청색줄무늬밤나방은 7~10월 사이에 활동하는 중형 크기의 나방
으로, 윗날개의 색깔은 얼룩진 어두운 갈색이다. 하지만 아랫날개는
검정 바탕에 청색(암청색)의 줄무늬가 있어 대조를 이루며 돋보인다.
애벌레는 거북꼬리에서 발견되며, 검정 바탕에 노란 줄무늬, 붉은
눈알 무늬가 있다.

가중나무껍질밤나방 성충

날개 편 모습(표본)

애벌레

가중나무껍질밤나방

전국 각지   *Eligma narcissus* (Cramer, 1775)

🍃 먹이식물 : 가중나무   🕐 활동시기 : 8~10월

🏠 월동형태 : 번데기   ✖ 관찰장소 : 숲속, 공원이나 민가 주변

가중나무껍질밤나방은 몸통과 앞다리가 회색 털로 덮여 있으며, 윗날개는 회색에 흰 물무늬, 검은 점무늬가 있다. 다만 날개 가장자리는 짙은 회색이다. 뒷날개는 노란색에 가장자리는 남색이며, 배는 노란색에 검은 점무늬가 있다. 애벌레는 노란색에 검은 점무늬에 긴 털로 덮여 있으며, 먹이식물에 집단으로 모여서 생활하는 경우가 많다.

산란중인 성충

사철나무

잎을 갉아먹는 애벌레(원 안)

사철나무 해충

노랑털알락나방

전국 각지   *Pryeria sinica* Moore, 1877

🌿 먹이식물 : 사철나무, 화살나무 등   🕐 활동시기 : 4~6월, 9~11월

🏠 월동형태 : 알   ✖ 관찰장소 : 산기슭이나 민가주변 및 공원 등

노랑털알락나방은 작은 크기의 나방으로, 검은 바탕에 반투명한 날개,
배는 노란색이며, 배의 끝에는 검은 털이 나 있다. 성충은 봄과 가을에
조경수로 심은 사철나무 등에 발생하며, 애벌레는 여러 마리가 모여 잎
을 갉아 먹는다. 사철나무의 주요 해충으로 알려져 있고 심하면 가지만
남기고 잎을 다 먹어 치운다.

짝짓기 중인 성충

느릅나무

모여있는 애벌레들

밀랍을 뒤집어쓴 애벌레

두줄제비나비붙이

전국 각지 국지적　　　　　　　　　　*Epicopeia menciana* Moore, 1874

🦋 먹이식물 : 느릅나무　🕐 활동시기 : 7~8월

🔣 월동형태 : 번데기　🔍 관찰장소 : 숲속이나 민가 주변

사향제비나비를 닮은 두줄제비나비붙이는 연한 검은색이며, 뒷날개 가
장자리와 배 옆에는 붉은 점무늬가 있다. 더듬이는 곧게 뻗어 있으며,
애벌레는 연한 갈색에 흰 밀랍을 뒤집어쓴 모습으로 주로 느릅나무에
모여있다. 이들이 발생한 먹이식물들은 흰 밀랍으로 인해 매우 지저분
해 보인다.

흰줄태극나방 성충

자귀나무

불빛에 날아온 성충

날개에 태극무늬가 있는

흰줄태극나방

전국 각지 *Metopta rectifasciata* (Ménétriès, 1863)

🍃 먹이식물 : 사철나무, 화살나무 등 🕐 활동시기 : 5~8월

🏠 월동형태 : 번데기 ✖ 관찰장소 : 산기슭, 저지대

흰줄태극나방은 가로등으로 잘 날아오는 나방으로 얼룩진 갈색의 날개에는 태극무늬와 흰 줄무늬가 있다. 더듬이는 연한 갈색이고 먹이식물은 자귀나무이다. 밤에 잘 날아다니고, 애벌레는 잎맥이나 줄기에서 움직이지 않는 습성이 있고 발견하기도 어렵다.

왕물결나방 성충 ⓒ여환현

종령 애벌레

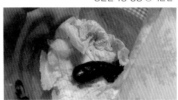
사육 중인 번데기

물결무늬를 가진

왕물결나방

전국 각지   *Brahmaea certhia* (Fabricius, 1793)

🍃 먹이식물 : 쥐똥나무   🕐 활동시기 : 5~7월

🏠 월동형태 : 번데기   ✖ 관찰장소 : 숲, 수목원, 휴양림, 해안가 공원 등

왕물결나방은 날개 50~60mm를 가진 대형 나방으로 밤에 숲이나 시골의 가로등에 자주 발견된다. 날개의 가장자리는 밝은 갈색에 줄무늬가 파도처럼 어우러져 있고, 날개 안쪽은 어두운 갈색의 점무늬가 있다. 애벌레는 쥐똥나무에서 발견되며, 머리와 꼬리 부분에 긴 돌기들이 있으며, 몸통에는 작은 돌기들이 있다. '쥐똥나방'이라고도 한다.

옥색긴꼬리산누에나방 성충

애벌레

우화 직후의 성충

옥색 날개를 가진

옥색긴꼬리산누에나방

전국 각지　　　　　　　　　　　　　　　　　*Actias gnoma* (Butler, 1877)

🍃 먹이식물 : 단풍나무, 오리나무, 까치박달나무 등　🕐 활동시기 : 5~8월

🏠 월동형태 : 번데기　✖ 관찰장소 : 산림, 섬 지역 등

옥색긴꼬리산누에나방은 산속이나 시골의 가로등에 자주 날아오는 대형 나방으로, 온몸은 흰 털이 덮여 있다. 몸통 가운데와 윗날개 윗부분 가장자리는 붉은 줄무늬가 있고, 전체적으로는 옥색의 고운 날개를 가지고 있다. 날개 가운데에는 작은 눈알 무늬가 있으며, 뒷날개에는 꼬리돌기가 있다.

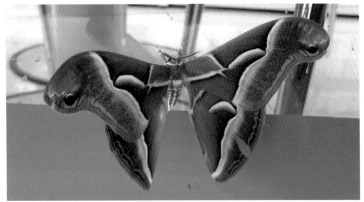
편의점에 날아온 성충

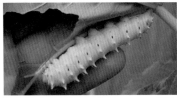
애벌레

단풍나무에 만든 고치

잎을 엮어 고치를 만드는

가죽나무고치나방

전국 각지　　　　　　　　　　　　　　　　*Luehdorfia puziloi* coreana Matsumura

🌿 먹이식물 : 가죽나무, 목련, 소태나무, 상수리나무 등　🕐 활동시기 : 6~8월

🏠 월동형태 : 번데기　🔍 관찰장소 : 저지대, 민가 주변, 공원 등

가죽나무고치나방은 대형 나방으로, 전체적으로는 갈색이지만, 날개 안쪽은 짙은 밤색에 보라색 무늬, 노랑+흰 점무늬가 있다. 날개 가장자리는 얼룩진 연한 갈색에, 윗날개 끝에는 검은 눈알 무늬가 있다. 백록색의 다 자란 애벌레는 다양한 활엽수를 해치며, 돌기가 난 옥색에 검은 점무늬가 있다. 먹이식물의 잎을 엮어 갈색의 고치를 만든다.

극남노랑나비

1. 나비와 나방의 차이점은?

나비와 나방은 비슷해보이지만, 차이점은 분명히 있다. 나비는 낮에 활동하고, 나방은 밤에 활동한다고 하지만, 낮에 활동하는 나방도 많다. 성충의 구별법은 의외로 간단하다. 더듬이가 곤봉모습을 닮았으면 나비, 더듬이가 실이나 안테나 모습이면 나방이다. 또한 땅이나 나뭇잎 위에 앉을 때 날개를 접어서 앉으면 나비, 펴서 앉으면 나방이다.

뾰족부전나비

큰나무결재주나방

참나무재주나방 애벌레

청띠제비나비 애벌레

비슷해 보이는 애벌레들도 구별이 어렵지 않다. 나방애벌레 대부분은 가시나 털이 많으며, 손가락만한 크기의 애벌레도 있다. 꼬리부분에 돌기가 있기도 하다. 나비 애벌레도 가시나 털이 있지만, 나방만큼 크거나 긴 경우는 거의 없으며 찔릴 위험도 없다.

가시가 억센 노랑쐐기나방 애벌레   몸의 돌기가 연한 꼬리명주나비 애벌레

먹이식물에서도 나비 애벌레는 단독생활을 하는 경우가 많지만, 나방 애벌레는 집단생활을 하는 경우가 많다. 그리고 나비 애벌레보다 떼로 모여 갉아먹는 경우가 많아 먹이식물이 금방 죽는다.

꿀을 빨아먹는 줄점팔랑나비   휴식을 취하는 녹색박각시

나비는 긴 대롱으로 먹이를 먹지만, 나방은 박각시류 같은 일부를 제외하고는 입이 없다. 나비보다 수명이 짧으며 번데기에서 우화하면 바로 짝을 찾아나서는 경우가 많다.

2. 나비와 나방은 비에 젖지 않나?

나비와 나방은 날개에 "인편"이라는 가루로 덮여 있다. 일정하게 배열되고, 비에 젖지 않는다. 보통 식물의 잎이나 줄기 뒤에서 숨어 지내면서 빗물이 젖지 않게 한다. 나비와 나방의 날개에 있는 가루는 아름다운 색을 내면서 동시에 비에 젖지 않게 되어 있다.

나방류

청띠제비나비

3.나비와 나방의 애벌레도 사육하기가 쉽나?

나비와 나방의 애벌레는 먹이식물의 공급만 가능하다면 어렵지 않다. 보통 흰나비나 호랑나비과 애벌레들이 사육되며, 다른 나비와 일부 나방도 의외로 먹이식물을 찾기가 쉽다. 잎을 자주 갈아주고, 배설물을 치워주며, 습도만 잘 관리해주면 된다.

강아지풀에 낳은 애물결나비 알(원 안)

사육중인 줄녹색박각시 애벌레

4. 나비는 어디를 잡아야 하나?

나비와 나방은 몸통부분을 조심스럽게 잡는 것이 좋다. 날개를 잡게 되면 날개에 있는 가루가 떨어지게 되고, 탈출하려고 파닥거리다가 날개가 찢어지기도 한다. 되도록 몸통부분을 조심스럽게 잡아야 한다. 이는 나방도 마찬가지다.

왕나비를 바르게 잡은 모습   잘못 잡은 왕나비

5. 나비 성충은 꿀만 먹나?

나비의 성충은 꽃의 꿀만 먹는 것이 아니다. 젖은 흙이나 배설물, 나무의 수액에서 양분을
섭취하고, 심지어 동물의 사체나 썩은 과일에도 모여든다.

땅에서 영양분을 섭취하는 푸른부전나비

나무의 수액을 먹는 네발나비들

6. 나비와 나방은 어떻게 겨울잠을 자나?

보통 나비와 나방은 주로 번데기로 겨울잠을 자고, 실제 번데기로 많이 동면한다. 그러나
나비와 나방의 동면상태는 더 다양하다. 알, 애벌레, 번데기, 성충 등 종류에 따라 다양한
방법으로 동면한다.

암고운부전나비 알　　　　　　　　　　노랑털알락나방 알(원 안)

녹색부전나비 종류와 일부 다른 나비, 나방은 알로 겨울잠을 자며, 노랑털알락나방처럼 알을 자신의 털로 덮기도 한다.

대왕팔랑나비 애벌레 동면 집　　　　　　흑백알락나비와 왕오색나비 애벌레

많은 수의 네발나비와 팔랑나비는 애벌레 상태로 겨울잠을 자며, 집을 짓고 그 안에서 겨울잠을 자기도 한다. 일부 나방 애벌레도 나무껍질이나 낙엽 등에서 겨울잠을 잔다.

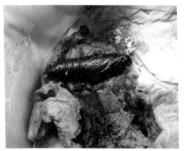

청띠제비나비 번데기　　　　　　　　줄녹색박각시 번데기(사육)

대다수의 나비와 나방은 번데기 상태로 겨울잠을 자며, 일부 나방류는 실을 내어 고치를 만들기도 하고, 흙 안에 방을 만들어 겨울잠을 잔다.

겨울잠 자는 극남노랑나비

암청색줄무늬밤나방

밤나방류나 네발나비, 극남노랑나비 등은 성충으로 동면을 하며, 마른 낙엽이나 건물의 벽 등에 붙어서 겨울을 지낸다. 겨울잠을 자다가 기온이 오르면 날개를 펼치고 잠깐 일광욕을 하기도 한다.

7. 네발나비는 정말 다리가 4개인가?

가장 많은 질문을 받았던 부분이다. 그러나 네발나비과의 모든 나비는 다리가 6개이다. 다만, 앞다리가 퇴화되어 머리와 가슴 사이에 숨겨져 있다. 특별한 용도도 없어서 앞다리를 몸 밖에 꺼내는 경우가 드물다. 가운뎃다리와 뒷다리로만 생활한다.

외국 네발나비류의 평소 모습

숨겨진 앞다리를 꺼낸 모습

잠자리와 풀벌레

　잠자리와 풀벌레는 우리 주변에서 쉽게 만날 수 있는 곤충이다. 이들은 서로 다른 종이지만, 날개는 하나의 막처럼 보인다. 또한, 번데기 시기가 없는 불완전탈바꿈을 한다. 이들의 애벌레는 성충과 많이 닮았으며, 먹이도 비슷하다. 잠자리와 사마귀는 해충을 잡아먹는 이로운 곤충이며, 귀뚜라미와 베짱이, 여치는 아름다운 소리를 들려준다.

　잠자리는 애벌레 시기를 물에서 지내며, 여치나 베짱이는 수컷이 아름다운 소리를 낸다. 사마귀는 이들의 가장 무서운 천적이다. 이처럼 닮은 듯 다른 잠자리, 풀벌레는 많은 곤충 중 사람에게 가장 친숙한 곤충들이다. 노래나 동화의 소재로 자주 등장하며, 정서곤충으로도 친숙하다. 자연환경을 소중히 하면 이들도 우리 곁에 오랫동안 머무를 것이다.

된장잠자리

가지에 앉은 모습

산란 장소

연한 된장색을 띤 이방 개체

된장잠자리

전국   *Pantala flavescens* (Fabricius, 1798)

🍃 먹이 : 작은 곤충   🕐 활동시기 : 4~10월

🏠 월동형태 : 월동하지 못함   ✖ 관찰장소 : 저수지, 습지, 공원 주변

된장잠자리는 해외에서 날아온 개체이다. 겹눈과 머리가 크고, 가슴과 배는 연한 된장색이다. 배 끝에는 2개의 작은 부속돌기가 있어 뾰족해 보인다. 가을에 많은 수가 보이며 겨울을 나지 못하지만, 최근에는 겨울에 애벌레가 발견되는 경우도 생겼다. 체격에 비해 몸이 가벼워 장거리 이동에 놀라운 능력을 보인다.

왕잠자리의 산란

영역을 지키는 수컷

올챙이를 먹는 애벌레

아름답고 큰 포식자

왕잠자리

전국 각지

Anax parthenope (Sélys, 1839)

🌿 먹이 : 작은 곤충　🕐 활동시기 : 4~10월

🐛 월동형태 : 애벌레　✖ 관찰장소 : 저수지, 연못

우리나라에서 큰 잠자리 중 하나. 수컷은 초록색 눈에, 초록색 가슴, 검은 줄무늬가 있는 초록색 배를 가지고 있으며, 가슴과 배의 경계 부분은 파란색이다. 암컷은 수컷과 비슷하지만, 가슴은 완전한 초록색에, 배는 갈색이다. 연못이나 저수지, 논 주변에서 볼 수 있다. 애벌레는 단독생활을 하며 모기 애벌레와 작은 물고기들에게는 무서운 천적이다.

먹줄왕잠자리

서식지

종령 애벌레

돈보이는 검은색 줄무늬

먹줄왕잠자리

전국   *Anax nigrofasciatus* Oguma, 1915

🦗 먹이 : 작은 곤충   🕐 활동시기 : 5~10월

🏠 월동형태 : 애벌레   ✖ 관찰장소 : 저수지, 연못

먹줄왕잠자리는 왕잠자리와 닮았지만, 가슴 옆으로 검은색 줄무늬가 있다. 배는 검정 바탕에 노란색 점무늬가 있으며, 수컷은 가슴과 배의 경계부분이 파란색이다. 겹눈은 청록색이며, 이마에는 'T'자 모양의 검은 무늬가 있다. 수컷의 배마디는 흑갈색에 둥근 청색 무늬가 있으며, 암컷은 갈색에 황색 무늬가 있다.

방울벌레 수컷

굴에 숨은 모습

방울벌레 암컷

롱다리와 흰 더듬이의 매력

방울벌레

전국 각지   *Meloimorpha japonicus* (De Haan, 1842)

🍃 먹이 : 잡식성   🕐 활동시기 : 9~10월

🏠 월동형태 : 알   ✖ 관찰장소 : 공원이나 초지

가을에 볼 수 있는 곤충으로 긴 다리와 하얀 더듬이가 특징이다. 수컷
은 검은색에 넓은 날개를 가지고 있으며, 날개를 위로 세운 다음 마찰
을 일으켜 아름다운 소리를 낸다. 암컷은 수컷보다 날개가 작고, 연한
흑갈색에 배 끝에 있는 꼬리돌기는 밝은 갈색이고, 산란관이 길게 뻗어
있다. 가을밤 수컷은 암컷을 유혹하며, 암컷과 함께 발견된다.

곰방울벌레 수컷

작아도 힘센

곰방울벌레

남부지방 *Sclerogryllus punctatus* (Brunner von Wattenwyl, 1893)

🦗 먹이 : 잡식성 🕐 활동시기 : 8~10월

🏠 월동형태 : 알 🔍 관찰장소 : 공원이나 초지

곰방울벌레는 9~11mm의 매우 작은 방울벌레로, 공원이나 풀밭에서 살아간다. 더듬이는 가운데가 흰색이고, 몸은 전체적으로 검은색이다. 다리는 넓적다리바깥쪽과 종아리마디가 오렌지색이다. 암컷은 수컷과 비슷하지만 날개에 울음판이 없고, 산란관이 있다. 낙엽이나 돌 밑에 숨어서 지낸다. 애벌레는 흐릿한 보라색 체색이다.

털귀뚜라미 수컷

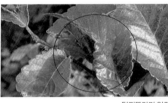

털귀뚜라미 암컷

나뭇잎에 숨은 모습

온몸이 연한 비늘로 덮인

털귀뚜라미

남부지방　　　　　　　　　　　　　　　*Ornebius kanetataki* (Matsumura, 1904)

🍃 먹이 : 작은 곤충　　⏱ 활동시기 : 8~10월

🏠 월동형태 : 알　　📍 관찰장소 : 해안가나 공원주변 낮은 관목림

털귀뚜라미는 갈색을 띤 아주 작은 귀뚜라미로, 온몸에 연한 비늘이 가루처럼 덮여 있다. 수컷은 가슴이 갈색, 가슴의 끝은 흰 줄무늬가 있으며, 검은색의 짧은 날개를 가지고 있다. 암컷은 날개가 없으며, 직선으로 뻗은 산란관이 있다. 크기는 작지만, 서식지에서는 많이 발견되며, 조경수로 심어진 나무에서 '찡-찡-'하고 운다.

83

청솔귀뚜라미 수컷

청솔귀뚜라미 암컷

잎에서 쉬는 모습

유일한 녹색 귀뚜라미

청솔귀뚜라미

남해안, 서해안 등   *Truljalia hibinonis* (Matsumura, 1917)

🍃 먹이식물 : 벚나무 등   ⏺ 활엽수 활동시기 : 8~10월

🏠 월동형태 : 알(나뭇가지에 산란)   ✖ 관찰장소 : 민가주변

청솔귀뚜라미는 우리나라에 서식하는 귀뚜라미들 중 유일하게 푸른 녹
색을 가지고 있다. 수컷은 윗날개에 갈색 무늬가 있는 울음판이 있지만,
암컷은 없어서 구별이 된다. 나무 위에서 주로 생활하고, 말린 잎이나 잎
뒷면에 숨어 있다가 밤에 활동한다. 남부지방에서 주로 볼 수 있었지만,
지금은 서해안과 서울 도심지에서도 관찰할 수 있다.

폭날개긴꼬리 수컷

윗날개가 넓은 수컷

같이 발견된 암컷

투명 옷 입은

폭날개긴꼬리

남부지방   *Oecanthus euryelytra* Ichikawa, 2001

먹이 : 작은 곤충   활동시기 : 7~10월

월동형태 : 알   관찰장소 : 공원이나 저지대, 낮은 초목

폭날개긴꼬리는 긴꼬리와 비슷하지만, 전체적으로 연한 녹색이고 윗날
개가 긴꼬리에 비해 넓은 편이다. 울음소리도 긴꼬리보다 크고 굵은 편
이다. 남부지방에서 주로 발견되지만, 경기도에서도 발견 사례가 있다.
수컷과 암컷이 함께 발견되는 경우가 많다. 말린 잎에 머리를 넣고 날
개를 마찰시켜 소리를 증폭시킨다.

갈색여치

서식지

기생충인 연가시

더듬이 긴 큰 여치

갈색여치

전국　　　　　　　　　　　　　　　　　　　　　*Paratlanticus ussuriensis* (Uvarov, 1926)

🌿 먹이 : 잡식성　　⏱ 활동시기 : 8~10월

🏠 월동형태 : 알　　🔍 관찰장소 : 산림, 계곡 주변

갈색여치는 크기가 큰 여치 중 하나로, 산림과 민가 주변에서 발견된다. 수컷은 짙은 흑갈색에 날개는 짧고, 배 아랫부분은 청록색이다. 암컷은 연한 적갈색에 날개는 없고 긴 산란관이 있다. 주요 해충으로, 과수원에서 대발생하여 큰 피해를 발생시킨다. 기생충인 연가시가 많이 발견되는 편이다.

긴날개여치 암컷

서식지

어린 애벌레

대낮에 풀숲에서 우는

긴날개여치

남부지방   *Gampsocleis ussuriensis* Adelung, 1910

🌿 먹이 : 작은 곤충   🕐 활동시기 : 7~10월

🏠 월동형태 : 알   🔍 관찰장소 : 풀밭, 공원, 낮은 산지 등

긴날개여치는 흔하게 발견되는 여치 중 하나로 녹색에 갈색의 줄무늬
가 있으며, 특히 윗날개의 윗부분에 갈색의 굵은 줄무늬가 있다. 풀숲
에서 낮에 울음소리를 내며, 종종 밤에 가로등에 날아오기도 한다. 암
컷은 수컷과 비슷하고, 배 끝에 긴 산란관이 있다. 애벌레는 몸통 윗부
분에 검은 줄무늬가 있다.

87

애여치

사육중인 애여치

서식지

암컷을 유혹하려 우는

애여치

전국   *Eobiana engelhardti engelhardti* (Uvarov, 1926)

🍃 먹이 : 잡식성   ⏰ 활동시기 : 8~10월

🏠 월동형태 : 알   ✖ 관찰장소 : 산림, 계곡 주변

애여치는 이름처럼 크기가 작은 여치이다. 계곡 주변에서 암컷을 유인
하려는 목적으로 울음소리를 낸다. 수컷은 날개가 긴 것도 있고, 배보다
짧은 날개를 가지고 있기도 한다. 전체적으로는 갈색이지만, 가슴과 날
개 윗부분이 녹색인 개체도 있다. 가슴 끝은 노란색 줄무늬가 있으며, 암
컷은 위로 휘어진 산란관을 가지고 있다.

불빛에 날아온 날베짱이

날베짱이 암컷

종령 애벌레

나뭇잎을 닮은 날개

날베짱이

전국 · · · · · · · · · · *Sinochlora longifissa* (Matsumura and Shiraki, 1908)

🍃 먹이 : 작은 곤충　⏱ 활동시기 : 7~10월

🏠 월동형태 : 알　✖ 관찰장소 : 산림, 휴양림, 계곡 주변 등

나뭇잎을 닮은 날베짱이는 초록색의 몸에 윗날개 윗부분에 붉고 노란
줄무늬가 있다. 앞다리도 붉은색이며, 수컷은 윗날개 윗부분에 작은 울
음판이 있고, 배 끝 돌기가 작다. 암컷은 크고 굵은 산란관이 배 위로
휘어져 있다. 야간에는 가로등 불빛에 날아오며, 많은 개체가 한꺼번에
불빛에 날아오기도 한다.

줄베짱이 수컷

줄베짱이 암컷

애벌레가 발견된 초목

긴다리와 날렵한 날개

줄베짱이

전국

Ducetia japonica (Thunberg, 1815)

🌿 먹이 : 잡식성　🕐 활동시기 : 7~10월

🏠 월동형태 : 알　❌ 관찰장소 : 풀밭, 낮은 관목림, 공원, 저지대 등

줄베짱이는 성충의 머리부터 날개 끝까지 줄무늬가 있다. 수컷은 적갈색의 줄무늬가 있으며, 암컷은 노란 줄무늬가 있다. 전체적인 체색은 녹색을 띠고 있으며, 드물게 갈색인 개체도 발견된다. 머리를 아래로 숙이고, 뒷다리를 높이 드는 형태를 하고 있으며, 성충이나 애벌레 모두 이런 자세로 휴식을 취한다.

거꾸로 매달린 것을 이해를 돕기 위해 반전하였다. 함평매부리 암컷(2018. 08 여수)

위에서 본 함평매부리

함평매부리 정면

함평에서 발견된

함평매부리

전국　　　　　　　　　　*Palaeoagraecia lutea* (Matsumura et Shiraki, 1908)

🍃 먹이 : 작은 곤충　🕐 활동시기 : 7~10월

🏠 월동형태 : 알　❌ 관찰장소 : 산림, 휴양림, 계곡 주변 등

2016년 전남 함평에서 처음 발견되었고, 2019년에 미기록종으로 발견되었다. 남부지방 일부 지역에서만 발견된다. 밝은 갈색에 가깝고, 머리 위부터 윗날개 중간까지 흰색 테두리에 짙은 갈색 무늬다. 머리 앞면에 녹색 무늬가 있는 것과 암컷의 산란관이 날개보다 짧은 것이 특징이다. 대나무와 이대의 어린 줄기를 좋아하며, 불빛에도 날아온다.

좀매부리 암컷

좀매부리 녹색형

좀매부리 갈색형

물구나무를 좋아하는

좀매부리

전국   *Euconocephalus varius* (Walker, 1869)

🍃 먹이 : 초목   🕐 활동시기 : 7~10월

🏠 월동형태 : 성충   ✖ 관찰장소 : 들판, 풀밭, 해안가 주변 공원 등

매부리는 남부지방에서 볼 수 있는 종류로, 머리가 뾰족하고, 큰 턱은 붉은색이다. 가슴의 가운데 부분에는 노란 줄무늬가 있으며, 발톱 부분은 갈색이다. 체색은 녹색이지만, 갈색인 경우도 많다. 불빛에 날아오기도 하며, 건물 외벽에 거꾸로 붙어 있는 경우가 많다. 암컷의 산란관은 가운데가 볼록하며 곧게 뻗었지만, 긴 편은 아니다.

여치베짱이 수컷

여치베짱이 암컷

억새를 먹은 흔적

덩치 큰 풀벌레

여치베짱이

남해안, 지리산 등   *Pseudorhynchus japonicus* Shiraki, 1930

🦗 먹이 : 참억새, 억새 등   🕐 활동시기 : 7~9월

🏠 월동형태 : 알   🔍 관찰장소 : 억새밭, 해안가 주변 풀밭 등

남부지방에서 서식하는 가장 큰 베짱이다. 몸은 초록색이나 갈색이며, 머리에서 날개 끝까지 노란 줄무늬가 2개 있다. 머리 앞부분은 노란색이고, 큰 턱은 붉은색이나 끝은 검은색이다. 억새밭에서 살아가며, 억새를 갉아먹은 흔적으로 찾을 수 있다. 수컷의 울음소리도 매우 크며, 억새나 초목의 꼭대기로 올라가 "찌-----"하고 울음소리를 낸다.

짝짓기 중인 우리벼메뚜기

벼에 숨어있는 모습

서식지인 논

대표적인 식용 곤충

우리벼메뚜기

전국　　　　　　　　　　　　　　　　　　*Oxya chinensis sinuosa* Mishchenko, 1951

🍃 먹이 : 벼과 식물　🕐 활동시기 : 7~11월

🏠 월동형태 : 성충　🔍 관찰장소 : 논, 습지나 밭의 벼과 식물

논과 그 주변에서 흔히 보는 메뚜기이다. 머리부터 날개 끝까지 연한 갈색이며, 몸의 아랫부분과 다리는 녹색이다. 머리와 가슴의 중간 부분은 굵은 검정색 줄무늬가 있으며, 발에 흡반이 있어 벽이나 매끄러운 풀줄기에 쉽게 앉을 수 있다. 대표적인 식용 곤충 중 하나로, 예로부터 볶아서 먹었으며, 지금도 시골 장터에서 종종 볼 수 있다.

등검은메뚜기

풀밭에서 만나는

등검은메뚜기

울릉도, 남해안, 내륙 일부   *Shirakiacris shirakii* (Bolívar, 1914)

🍃 먹이 : 초목   ⏱ 활동시기 : 7~11월

🏠 월동형태 : 알   ✖ 관찰장소 : 산길, 논밭, 들판 등

등검은메뚜기는 갈색에 검은 점무늬들이 있으며, 가슴의 윗부분이 검은색이라 '등검은메뚜기'라고 부른다. 겹눈은 세로 줄무늬들이 있으며, 뒷다리의 허벅다리는 붉은 색이다. 채집을 하게 되면 입에서 끈적거리는 검은 액체를 토해내는데, 좋지 않은 냄새를 내며 손에 묻기도 한다.

각시메뚜기

동면을 준비하는 모습

어린 애벌레

한겨울에도 만나는

각시메뚜기

중부지방, 남부지방   *Pantanga japonica* (Bolívar, 1898)

🌿 먹이 : 초목   🕐 활동시기 : 1년 내내

🏠 월동형태 : 성충   🔍 관찰장소 : 들판, 풀밭 등

각시메뚜기는 우리나라 남부지방에 주로 서식하며 큰 편이다. 전체적으로 갈색이지만, 머리는 겹눈을 따라 연한 녹색과 검은색 줄무늬가 세로로 있으며, 가슴과 겉날개 가장자리도 녹색과 갈색의 줄무늬가 있다. 애벌레는 초록색이지만, 머리는 노란색과 파란색 줄무늬가 세로로 있으며, 몸 윗부분은 연한 노란색이다.

방아깨비 수컷

방아 찧듯 뛰어다니는

방아깨비

전국   *Acrida cinerea* (Thunberg, 1815)

먹이 : 벼과 식물   활동시기 : 7~10월

월동형태 : 알   관찰장소 : 공원, 들판, 풀밭 등

방아깨비는 긴 몸을 가지고 있으며, 날아다닐 때 소리를 낸다. 몸은
전체적으로는 녹색이지만, 갈색도 있고, 얼룩을 가진 개체도 있는 등
다양하다. 머리의 가장자리와 더듬이, 다리 일부분은 갈색이며, 뒷다
리를 잡으면 방아를 찧는 것처럼 움직인다. 수컷보다 암컷의 크기가
더 크다.

산란중인 사마귀 암컷, 거꾸로 달린 것을 이해를 돕기 위해 반전하였다.

길쭉한 사마귀 알

어린 애벌레

작은 곤충들의 무서운 천적

사마귀

중부지방, 남부지방   *Tenodera angustipennis* Saussure, 1869

🌿 먹이 : 작은 곤충   ⏱ 활동시기 : 8~10월

🏠 월동형태 : 알   ✖ 관찰장소 : 풀밭, 공원, 덤불 등

사마귀는 녹색의 몸에, 윗날개 가장자리는 연한 녹색이다. 앞다리 안쪽에는 붉은 점무늬가 있으며, 몸의 체형은 날씬한 편이다. 뒷날개는 연한 갈색이며, 알집은 약간 길고 두꺼운 편이다. 애벌레는 머리부터 배끝까지 연한 붉은 줄무늬가 있다. 겹눈은 녹색이지만, 밤이 되면 검정색으로 변한다.

왕사마귀 암컷

나비를 잡은 모습

알집

풀숲의 제왕

왕사마귀

전국   *Tenodera angustipennis* Saussure, 1869

🌿 먹이 : 벼과 식물   ⏱ 활동시기 : 7~10월

🏠 월동형태 : 알   🔍 관찰장소 : 공원, 들판, 풀밭 등

사마귀보다 크고, 굵은 체형을 가지고 있다. 체색은 녹색이며, 갈색인 경우 윗날개 가장자리가 녹색이다. 앞다리 안쪽에는 밝은 노란색 점무늬가 있으며, 뒷날개는 보라색이 섞인 갈색이다. 알집은 크고 둥근 형태이지만, 아랫면이 오목하게 들어갔다. 또 스펀지처럼 약간 폭신거리는 느낌도 있다. 앞다리와 앞다리 사이에는 노란 점무늬가 있다.

녹색형 성충

자색형 성충

알집

애벌레

작지만 굵고 단단한

넓적배사마귀

우리나라 전역   *Hierodula patellifera* Serville, 1839

🍃 먹이 : 작은 곤충들   🕐 활동시기 : 8~11월

🏠 월동형태 : 알   ✖ 관찰장소 : 민가주변이나 공원주변의 나무 위

넓적배사마귀는 나무 위에서 생활하는 중소형의 사마귀이다. 성충의 배
가 넓적해서 넓적배사마귀라고 부른다. 나뭇가지에 매달려 있다가 작은
곤충이 지나가면 잡아먹는다. 애벌레는 배를 위로 향하는 행동을 하는
특징이 있다. 겨울에는 나뭇가지에 알집을 만드는데, 알집도 성충을 닮
아 작고 굵은 형태를 한다.

함평매부리

1. 잠자리와 풀벌레는 어떻게 자신의 몸을 보호할까?

잠자리가 아무리 강력해도, 풀벌레가 아무리 의태를 잘해도, 천적의 눈을 피하기가 쉽지 않다. 그래서 이들은 자신의 몸을 숨기기 위해 전략을 짜서 천적을 피한다.

마른풀에 앉은 배치레잠자리

잔디에 숨은 언저리잠자리(원 안)

잠자리의 성충은 마른 풀이나 풀밭에 앉아 천적의 눈에 띄지 않게 하는 경우가 많다. 또는 벽이나 보도블럭, 나뭇가지 등에 앉아 최대한 몸을 밀착시켜 눈에 띄지 않기 위해 노력한다.

잎에 숨은 청솔귀뚜라미

잎에 숨은 폭날개긴꼬리

사마귀나 여치, 귀뚜라미 등도 풀숲이나, 나뭇가지, 나뭇잎 뒤에 숨는 경우가 많습니다. 자신의 몸 색과 비슷한 풀숲에 숨어버리면 찾기가 정말 어렵습니다. 거미나 새도 찾기 어려워합니다. 그러면, 물속에 사는 잠자리 애벌레들은 어떤가요?.

나뭇잎을 닮은 어리장수잠자리 애벌레

죽은 척 하는 개미허리왕잠자리 애벌레

잠자리 애벌레들은 성충보다 몸이 약한데다가, 물속에서 살아가기 때문에 위험에 더 취약하다. 그래서 죽은 척하거나, 모래 안에 숨기도 한다. 개미허리왕잠자리 같은 일부 왕잠자리 애벌레는 죽은 척해서 천적을 피하고, 장수잠자리나 밀잠자리 애벌레처럼 모래 안에 숨는 경우도 있다. 실잠자리와 검은물잠자리 애벌레처럼 수초 속에 숨어서 위험을 피하는 등 다양한 대책을 마련한다.

2. 잠자리는 빠르게 날아가는데, 뒤로 날 수도 있을까?

전시관을 방문했던 한 학생의 질문이다. 생각해보면 잠자리는 날개를 펼쳐 앉고, 날 때는 빠르게 날아다닌다.그러나 실잠자리는 약하게 날아다니고, 앉을 때에도 날개를 나비처럼 접어서 앉는다.

가슴과 배가 수평에 가까운 잠자리

가슴과 배가 직각에 가까운 실잠자리

여기에서 비행의 기술이 다르다는 것을 알 수 있다. 일반적인 잠자리는 가슴과 배가 거의 수평으로 이어져 있다. 날개로 펼쳐서 앉는데, 이는 날아갈 때 빠르게 직진할 수 있다. 반면, 실잠자리는 가슴의 날개가 있는 부분과 배가 직각에 가까워 날개를 접을 수 있다. 이러한 몸의 구조상, 후진비행이 가능하다고 보는 것이다.

3. 꼽등이와 갈색여치, 사마귀는 왜 연가시가 있나?

곱등이

기생충인 연가시

꼽등이와 사마귀, 물가 주변에서 만나는 갈색여치 중에는 연가시가 있는 것들이 있다. 물에 사는 연가시가 어떻게 사마귀나 여치의 몸에 있는 걸까?
한 살이를 보면 알 수 있다. 물에서 알을 낳으면 유충들이 깨어나는데, 잠자리 애벌레나 모기 애벌레에게 먹힌다. 애벌레가 모기나 잠자리로 성장할 때까지 포낭(얇은 막으로 자신의 몸을 감싸는 것) 상태로 있다가, 사마귀나 갈색여치에게 먹히면 깨어나 성장하게 된다. 그 후 물가로 유도해 물에 빠지게 한 후 연가시가 나오게 된다.

노린재와 매미류

　노린재와 매미 등 기타 곤충을 묶어, 우리 주변에서 만날 수 있는 곤충들을 소개한다. 사람에게 이로움을 주는 벌도 있고, 농작물에 해를 주는 노린재도 있으며, 잠자리를 닮았지만 확연히 다른 뿔잠자리도 담았다.

　뿔잠자리와 뱀잠자리를 잠자리로 분류하지 않은 까닭은 다른 곤충이기 때문이다. 잠자리는 알-애벌레-어른벌레(불완전탈바꿈)의 과정을 거치지만, 뿔잠자리는 알-애벌레-번데기-성충(완전탈바꿈)의 과정을 거친다.

　노린재는 대부분 식물의 즙을 빨아먹는 해충이면서, 냄새를 풍겨 적을 쫓아낸다. 매미는 울음소리를 통해 여름이 왔음을 알린다. 종류가 많은 만큼 다양한 환경에서 열심히 살아가는 곤충들이다.

억새노린재

기주식물인 참억새

잎에 숨어 있는 억새노린재

억새밭에서 사는

억새노린재

전국   *Gonopsis affinis* (Uhler, 1860)

🌿 먹이식물 : 참억새, 억새 등   ⏱ 활동시기 : 4~10월

🏠 월동형태 : 성충   ✖ 관찰장소 : 야산, 저지대, 들판의 억새밭 등

억새노린재는 억새밭에서 볼 수 있으며, 몸은 황갈색이거나 주황색이다. 윗날개는 몸의 체색보다 색이 조금 더 진하며, 억새의 잎 뒷면에서 생활한다. 애벌레는 노란색과 주황색 점무늬가 섞여 있으며, 납작한 형태를 하고 있다. 여러 마리가 한 억새 잎에 모여 생활하기도 하며, 위협을 느끼면 냄새를 풍기거나 멀리 날아가 버린다.

무당알노린재 짝짓기

칡 줄기의 알

칡에 모여 있는 무당알노린재

칡 줄기의 꼬꼬마

무당알노린재

전국   *Megacopta cribraria* (Fabricius, 1798)

🍃 먹이식물 : 칡, 콩과 식물 등   🕐 활동시기 : 4~10월

🏠 월동형태 : 성충   ✖ 관찰장소 : 야산, 저지 등

무당알노린재는 칡덩굴에서 생활하는 아주 작은 노린재이다. 납작한 타원형의 밝은 밤색에 노란 점무늬가 얼룩처럼 보인다. 칡덩굴에서 무리 지어 살며 알과 애벌레도 함께 볼 수 있다. 겉날개는 붙어 있지만, 속날개는 펼쳐서 날 수 있다. 천적이 다가오면 죽은 척하고 칡덩굴 아래로 떨어지기도 하며, 위험이 사라지면 다시 칡덩굴을 기어오른다.

107

홍줄노린재

갯방풍

알에서 깨어나는 애벌레

홍줄노린재

전국 · *Graphosoma rubrolinneatum* (Westwood, 1837)

🍃 먹이식물 : 방풍, 당귀, 당근, 미나리 등 · 🕐 활동시기 : 5~10월

🏠 월동형태 : 성충 · ✖ 관찰장소 : 야산, 저지대 등

홍줄노린재는 광택이 있는 검은색 바탕에 붉은 줄무늬가 세로로 있다. 줄무늬는 적갈색이거나 황갈색인 경우도 많고, 앞가슴등판은 폭이 넓다. 작은방패판은 넓고 길게 늘어나 배 끝에 닿고, 그 안에 날개가 숨겨져 있다. 당귀나 구릿대 등 먹이식물은 산호랑나비와 같고, 잎이나 줄기보다는 꽃대에서 주로 발견된다. 알이 같이 발견되기도 한다.

얼룩대장노린재

먹이식물인 참나무

벽에 붙은 얼룩대장노린재

얼룩무늬 대장

얼룩대장노린재

전국

Placosternum esakii Miyamoto, 1990

🌿 먹이식물 : 떡갈나무 등 참나무류 🕐 활동시기 : 4~10월

🏠 월동형태 : 성충 ✖ 관찰장소 : 산림, 저지대 참나무 등

참나무에 서식하는 대형 노린재로, 몸은 회갈색 또는 회황색 바탕에 흑
갈색이나 검은색이 어우러진 얼룩무늬가 있다. 더듬이는 검은색에 노
란색 무늬가 3개 있으며, 앞가슴등판의 돌기는 넓고 위로 튀어나와 있
다. 특유의 색 때문에 바위나 건물 외벽에 붙어 있으면 발견하기가 매
우 어렵다. 성충으로 월동하며, 다른 곤충들과 같이 동면하기도 한다.

왕침노린재

작은 곤충들의 저승사자

왕침노린재

전국   *Isyndus obscurus obscurus* (Dallas, 1850)

먹이식물 : 작은 곤충   활동시기 : 3~11월

월동형태 : 성충   관찰장소 : 야산, 저지대 등

육식성 노린재로 등면은 갈색이며 윗날개 끝에는 짙은 갈색 막으로 이루어져 있다. 머리는 작고 가늘며, 가슴판은 옆으로 튀어나와 있다. 노란 점무늬가 있는 배는 날개보다 크고 넓으며, 전체적으로 부드러운 짧은 노란색 털로 뒤덮여 있다. 먹이를 사냥할 때는 앞다리로 붙잡은 다음 침을 꽂고 체액을 빤다. 위험을 느끼면 멀리 날아가 버린다.

톱다리개미허리노린재

콩과 식물을 좋아하는

톱다리개미허리노린재

전국   *Riptortus (Riptortus) pedestris* (Fabricius, 1775)

🌿 먹이식물 : 콩, 완두, 강낭콩, 벼 조 등   🕐 활동시기 : 1년 내내

🏠 월동형태 : 성충   ✖ 관찰장소 : 저지대, 들판, 콩밭 등

톱다리개미허리노린재는 가늘고 긴 몸에 뒷다리가 길고 굵으며 뒷다
리의 허벅다리 부분에는 가시가 톱날처럼 나 있다. 배 가장자리에는 노
란 점무늬가 있으며, 잘 날아다닌다. 애벌레는 어두운 체색에 배가 굵
어 개미처럼 보이기도 한다. 콩과 식물의 해충으로 많은 개체수가 관찰
된다. 산길에서 흔하게 마주치는 곤충 중 하나이다.

호리허리노린재

강아지풀에 앉은 모습

호리허리노린재 1쌍

호리한 체격을 가진

호리허리노린재

전남, 경남, 제주   *Leptocorisa chinensis* Dallas, 1852

🍃 먹이식물 : 강아지풀 등 벼과식물   ⏱ 활동시기 : 4~10월

🏠 월동형태 : 성충   🔍 관찰장소 : 저지대, 공원, 야산의 벼과식물

호리허리노린재는 이름대로 호리호리한 몸을 가지고 있다. 전체적으로
녹색을 띠고, 날개는 갈색이다. 몸길이와 비슷한 더듬이는 갈색에 노란
색 무늬가 있다. 벼과 식물에서 관찰되며, 특히 강아지풀을 좋아한다. 먹
이식물의 어린 열매에서 즙을 빨아 먹으며 생활하고, 위기를 느끼면 날
개를 펼쳐 멀리 날아가기도 한다. 종종 불빛에 날아들기도 한다.

노랑배허리노린재

노랑배허리노린재

사철나무 잎에 낳은 알

어린 애벌레

개미처럼 가는 허리의

노랑배허리노린재

전국   *Plinachtus bicoloripes* Scott, 1874

먹이식물 : 사철나무, 화살나무, 참빗살나무 등   활동시기 : 4~12월

월동형태 : 성충   관찰장소 : 공원, 길가, 조경용으로 심은 사철나무 등

조경수에서 주로 관찰할 수 있다. 더듬이와 등면은 짙은 검은색이나 흑
갈색이고, 아랫면은 진한 노란색이다. 배 가장자리는 노란색이고 검은
점무늬가 있다. 다리는 검은색이고, 허벅다리 안쪽은 황백색이다. 다리
의 맨 안쪽은 붉은색이고, 알은 여러 개를 한꺼번에 잎 위에 낳는다. 애
벌레는 검은색에 노란 배를 가지고 있으며, 모여서 지내기도 한다.

소나무허리노린재

서식지

수피에 숨은 애벌레

미국에서 온 불청객

소나무허리노린재

전국   *Leptoglossus occidentalis* Heidemann, 1910

🌿 먹이식물 : 소나무, 전나무   ⏱ 활동시기 : 5~11월

🏠 월동형태 : 성충   ❌ 관찰장소 : 공원, 민가주변, 산림 등

머리는 작고 전체적으로는 적갈색이거나 회갈색이다. 머리 가운데 회색
세로줄무늬가 있고, 윗날개 끝은 검은색이며 날개에는 흰색 줄무늬가
있다. 배는 날개보다 넓으며, 검은색과 흰색이 섞여 있다. 뒷다리는 길고,
종아리는 굵으며 굵은 부분은 검은색이다. 허벅다리에는 작은 가시들이
있으며 소나무와 전나무의 어린 열매에 큰 피해를 준다.

장수허리노린재

먹이식물인 칡

느릅나무 줄기 위의 애벌레

콩과 식물의 공포

장수허리노린재

전국   *Anoplocnemis dallasi* Kiritshenko, 1916

🌿 먹이식물 : 칡, 족제비싸리, 고삼 등   ⏱ 활동시기 : 5~10월

🏠 월동형태 : 성충   ✖ 관찰장소 : 저지대, 공원, 야산 등

장수허리노린재는 대형의 노린재로 어두운 갈색이며 온몸에 부드러운 짧은 털로 뒤덮여 있다. 윗날개 끝의 막질 부분은 햇빛에 반사되면 금빛으로 보인다. 뒷다리는 크고 굵으며, 특히 허벅다리는 돌기가 있으며 굽어있다. 애벌레는 머리가 작고 배가 굵으며, 체색은 검은색이거나 갈색이다. 콩과 식물의 주요 해충이다.

자귀나무허리노린재

자귀나무

다리 난간에 날아와 앉은 모습

초록 슈트를 뽐내는

자귀나무허리노린재

전국   *Homoeocerus (Anacanthocoris) striicornis* Scott, 1874

🌿 먹이식물 : 자귀나무   🕐 활동시기 : 4~11월

🏠 월동형태 : 성충   ✖ 관찰장소 : 저지대, 공원, 야산의 자귀나무

자귀나무허리노린재는 자귀나무에서 발견되는 중형의 노린재이다. 몸은 초록색이고, 앞날개는 연한 갈색이며 끝부분은 짙은 밤색이다. 더듬이도 갈색이고, 끝부분은 노란색이며 가늘고 길어 몸길이와 비슷하다. 자귀나무의 꽃이나 잎에서 생활하지만, 밤에 가로등의 불빛에 날아오기도 한다. 단독 생활하지만, 암컷과 수컷이 같이 있는 경우도 많다.

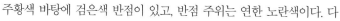

방패광대노린재

예덕나무

열매의 즙을 먹는 모습

아름다운 남쪽의 광대

방패광대노린재

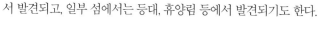

경남, 서해안 일부, 제주 　　　　　　　　　　　　　　　*Cantao ocellatus* (Thunberg, 1851)

🌿 먹이식물 : 예덕나무　🕐 활동시기 : 5~10월

🏠 월동형태 : 관찰되지 않음　🔍 관찰장소 : 해안가의 예덕나무

주황색 바탕에 검은색 반점이 있고, 반점 주위는 연한 노란색이다. 다리는 광택 나는 녹색, 배는 오렌지색에 청록색 반점 무늬가 있다. 머리는 주황색이나 청록색 무늬가 있으며, 작은방패판은 몸을 거의 덮고, 속날개가 밖으로 조금 나와 있다. 해안가 예덕나무 잎이나 열매 주변에서 발견되고, 일부 섬에서는 등대, 휴양림 등에서 발견되기도 한다.

뿔잠자리

서식지

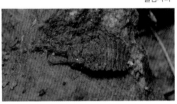
애벌레(사진제공 박지환)

긴 더듬이의 매력

뿔잠자리

전국 · *Hybris subjacens* (Walker, 1853)

🍃 먹이 : 작은 곤충 🕐 활동시기 : 5~9월

🏠 월동형태 : 애벌레 🔍 관찰장소 : 풀밭, 초원 등

뿔잠자리는 잠자리와 닮았으나, 긴 더듬이가 있어 차이가 있다. 날개는 투명하고, 체색은 노란색이지만, 가슴과 배의 가장자리는 갈색이다. 날개는 투명하고, 수컷은 배 끝에 갈고리 모양의 부속기가 있다. 애벌레는 명주잠자리 애벌레와 닮았으나, 초목 위에서 생활하며 작은 곤충을 잡아먹는다. 위협을 느끼면 냄새를 뿜어 천적을 당황하게 만든다.

뱀잠자리붙이

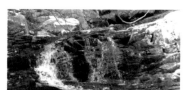

서식지인 계곡

뱀잠자리붙이 애벌레

계곡의 포식자

뱀잠자리붙이

전국　　　　　　　　　　　*Parachauliodes asahinai* (Liu, Hayashi & Yang 2008)

🌿 먹이 : 작은 곤충　　⏱ 활동시기 : 5~6월

🏠 월동형태 : 애벌레　　🔍 관찰장소 : 계곡, 하천

뱀잠자리와 닮았으나, 체색이 어두운 갈색이고 어두운 반투명 날개가
그 차이를 이룬다. 뱀잠자리는 가슴이 밝은 노란색이지만, 뱀잠자리붙
이는 어두운색이다. 애벌레는 긴 몸에, 머리와 가슴은 갈색에 긴 돌기
가 있고 배 쪽은 회색이다. 성충은 계곡 주변 숲이나 강변에서 살고, 애
벌레는 유속이 빠른 계곡이나 하천의 바위나 돌 밑에 숨어서 지낸다.

꽃매미

무리지어 있는 꽃매미들

꽃매미 알

모여있는 애벌레

울지 못하는 해충 매미

꽃매미

전국   *Lycorma delicatula* White, 1845

🌿 먹이식물 : 가죽나무, 아까시나무, 때죽나무, 포도나무, 등   ⏱ 활동시기 : 4~10월

🏠 월동형태 : 알   🔍 관찰장소 : 저지대, 논밭주변, 공원, 도심 가로수, 수목원 등

'주홍날개꽃매미'로 불렸다. 활엽수에서 무리 지어 생활하고, 수액을 빨아 큰 피해를 준다. 눈은 붉고, 몸통과 다리는 회색, 겉날개는 연분홍색에 검은 점무늬가 있다. 속날개 가장자리는 검정, 안쪽은 붉은색이다. 애벌레는 붉은색과 남색 바탕에 흰 점이 있고, 뒷다리가 길어 멀리 뛸 수 있다. 이름에 '매미'가 들어가지만, 울음판이 없어 소리를 못 낸다.

애매미 암컷

나무껍질과 닮은 수컷

서식지

노래 부르듯 우는

애매미

| 전국 | *Meimuna opalifera* (Walker, 1850) |

🌿 먹이 : 나무의 수액, 즙　🕐 활동시기 : 7~9월

🏠 월동형태 : 애벌레　🔍 관찰장소 : 야산, 공원, 도심 가로수 등

애매미는 우리나라 매미 중 크기가 작은 편에 속한다. 몸은 얼룩이 있는 황갈색이나 황녹색 등이며, 아랫부분은 회색에 가깝다. 날개는 투명하며, 수컷은 약간 길쭉한 울음판이 있고, 암컷은 산란관이 있다. 수컷은 울음소리를 낼 때 배를 떨면서 우는데, 마치 노래를 부르는 것처럼 다양한 소리를 낸다.

참매미

울고 나면 이사 가는

참매미

전국   *Hyalessa fuscata* Distant, 1905

🍃 먹이식물 : 나무의 즙이나 수액   🕐 활동시기 : 7~9월

🏠 월동형태 : 애벌레   🔍 관찰장소 : 산림, 공원, 도심 가로수 등

참매미는 우리나라 매미 중 말매미 다음으로 크다. 초록색 바탕에 검은
색 무늬들이 있으며, 배 부분에는 은색도 섞여 있다. 날개는 투명하며,
암컷은 배 끝 안쪽에 산란관이 있다. 수컷은 둥근 울음판이 있고, "맴-
맴-맴- 맴--------" 하고 운다. 애벌레는 땅속에서 4~5년을 지낸 뒤
나온다. 성충은 7~9월까지 볼 수 있다.

털매미

가로수에 있는 털매미

나무껍질과 닮은 털매미

온몸에 털난 꼬마 매미

털매미

전국   *Platypleura kaempferi* (Fabricius, 1794)

🌿 먹이식물 : 나무의 수액, 즙   🕐 활동시기 : 7~8월

🏠 월동형태 : 애벌레   ✏ 관찰장소 : 야산, 공원, 도심 가로수 등

털매미는 작은 매미로, 초록색 바탕에 검은색과 갈색의 무늬들이 뒤섞여 있다. 이러한 색 때문에 나무줄기에 앉으면 찾기가 어렵다. 온몸에 작은 털이 많이 나 있으며, 뒷날개는 어두운 남색이거나 검은색이다. 애벌레는 온몸에 흙을 뒤집어쓴 듯한 모습이며, 수컷은 "찌-----"하며 울음소리를 길게 낸다.

고마로브집게벌레

서식지

속날개를 펼친 모습(표본)

반전의 옷을 입은

고마로브집게벌레

전국   *Timomenus komarowi* (Semenov, 1901)

🍃 먹이 : 작은 곤충   🕐 활동시기 : 1년 내내

🏠 월동형태 : 성충   📍 관찰장소 : 공원, 들판, 야산, 산림 등

고마로브집게벌레는 집게벌레 중 가장 긴 집게를 가지고 있다. 몸은 흑
갈색이고, 작은 앞날개는 적갈색이다. 뒷날개는 앞날개 안에 여러 겹으
로 접혀 있으며, 펼치면 몸보다 큰 날개가 펼쳐진다. 뒷날개는 밝은 갈
색이고 안쪽은 황색이다. 집게는 가늘고 길며 굴곡이 있고, 가운데에 돌
기가 있다. 건물 벽이나 나뭇잎으로 올라오기도 하고, 잘 날아다닌다.

흰개미

먹이가 되는 썩은 나무

먹이가 되는 썩은 나무

목재 건물에 피해를 주는

흰개미

전국   *Reticulitermes speratus* (Kolbe, 1885)

🍃 먹이 : 썩은 나무   🕐 활동시기 : 1년 내내

🏠 월동형태 : 성충   🔍 관찰장소 : 산림, 공원, 오래된 목조건물 등

흰개미(지중흰개미)는 무리 지어 썩은 나무를 분해한다. 몸은 흰색이
고 다리가 짧으며 허리가 굵은 편이다. 병정개미는 오렌지색의 머리가
크고, 봄에 나타나는 수컷은 검은색의 긴 날개를 가지고 있다. 산림의
썩은 나무를 좋아하고, 오래된 목조건물이나 공원은 목재 의자 등에서
도 흔하게 발견된다.

얼룩송곳벌

산란중인 모습

산란관이 박힌 채 있는 배

말벌을 닮은

얼룩송곳벌

전국   *Tremex fuscicornis* (Fabricius, 1787)

먹이식물 : 느티나무, 팽나무, 오리나무, 느릅나무 등   활동시기 : 6~10월

월동형태 : 번데기 직전 애벌레(전용)   관찰장소 : 야산, 공원 등

갈색 몸에 굵은 검은색 줄무늬가 얼룩처럼 있다. 날개는 밤색이거나 갈색이고, 배 끝에는 산란관처럼 생긴 돌기가 있다. 진짜 산란관은 가슴과 배 연결 부분에 있으며, 먹이식물에 산란할 때 가늘고 긴 산란관이 나온다. 산란관이 나무에 단단히 박혀 산란 후 그대로 죽은 암컷들이 발견되며, 새에게 먹혀 배 부분이 산란관과 함께 나무에 꽂혀있기도 하다.

사냥중인 황띠대모벌

배에 황띠무늬가 보인다

잡은 거미를 끌고가는 모습

거미들의 무서운 천적

황띠대모벌

전국   *Parabatozonus annulatus* (Fabricius, 1793)

🦋 먹이 : 꽃의 꿀이나 당밀   ⏱ 활동시기 : 6~9월

🏠 월동형태 : 번데기 직전 애벌레(전용)   🔍 관찰장소 : 산림, 들판, 공원 등

거미를 잡아 미리 파 놓은 땅굴로 끌고 가 산란한다. 몸은 붉은색이 섞인 노란색이고, 배와 가슴 아랫부분은 검은색이다. 배에 황색 줄무늬가 있다. 날개는 붉은 갈색이고 끝은 검은색이다. 거미줄에 거미가 있어도 거미를 사냥하며, 거미의 공격을 피해 급소에 침을 찔러 마취시킨다. 애벌레를 먹이기 위해 다른 곤충이 먹이를 못 가져가게 지킨다.

127

나방 애벌레를 끌고 가는 나나니

굴 속으로 들어가는 모습

나뭇가지로 위장한 집

나방 애벌레를 잡아먹는

나나니

전국   *Ammophila sabulosa* Linnaeus, 1758

먹이: 꿀이나 화밀 활동시기 : 6~10월

월동형태 : 번데기 직전 애벌레(전용) 관찰장소 : 저지대, 공원, 들판 등

나나니는 꽃의 꿀을 먹으나, 애벌레를 위해 나비나 나방의 애벌레를 잡아 땅에 판 굴로 끌고 들어가 산란한다. 전체적으로는 검은색이고, 배의 안쪽은 붉은색이다. 날개는 반투명한 회색이며 허리 부분이 가늘고 길쭉하다. 땅속 굴에 먹이를 넣은 후 산란하고 입구를 낙엽과 쓰레기로 막아둔다.

방패광대노린재

1. 풀잠자리, 명주잠자리, 뱀잠자리는 이름에 잠자리가 들어가는데, 왜 잠자리와 다른 곤충일까?

잠자리와 다른 종류인 뿔잠자리

뱀잠자리붙이

이름에 잠자리가 들어가지만, 잠자리와는 다른 곤충이다. 겹눈이 작고, 더듬이가 긴 편이고, 잠자리만큼 빠르게 날지 못하며 앉을 때에도 잠자리처럼 날개를 펼쳐서 앉지 않는다. 결정적으로, 번데기 시기가 없는 잠자리와 달리 이들은 알-애벌레-번데기-성충, 완전탈바꿈을 하기 때문에 '잠자리'와는 다르게 분류한다.

2. 나비와 나방은 비에 젖지 않나?

썩덩나무노린재

껍적침노린재

노린재류에 속하는 대부분의 곤충들은 이름처럼 냄새를 풍긴다. 무심코 잡았다가 냄새 때문에 깜짝 놀란 적이 많을 것이다. 성충이나 애벌레 모두 냄새를 낸다. 그렇다면 노린재는 어떻게 냄새를 내는 걸까?

나비와 나방

잠자리와 풀잠자리

노린재와 매미류

하천생물

보충

애벌레의 냄새샘

성충의 냄새샘

애벌레는 배부분의 위(등)에 위치해 있다. 성충은 뒷다리의 안쪽에 위치해 있다고 한다. 자극을 받으면 냄새샘에서 휘발성이 강한 냄새를 내는데, 꽤나 멀리 퍼지고 불쾌한 냄새를 내기도 한다. 그렇지만 노린재에게는 생존의 수단이라 그들의 삶에 도움이 된다.

3. 파리매는 어떤 곤충인가?

왕파리매

파리매

파리와 벌을 섞은 것 같은 파리매는 빠르게 날아와 앉았다가 다시 빠르게 날아다닌다. 파리와 닮았지만 공중에서 먹이를 낚아채는 모습은 매와 닮아보인다. 파리매는 자신의 몸과 비슷하거나 작은 곤충을 사냥하는데, 가시가 달린 다리로 빠르게 붙잡고 날카로운 주둥이를 꽂아 체액을 빨아먹는다. 파리나 등에부터 풍뎅이, 메뚜기 같은 곤충들도 사냥한다. 날아다니는 잠자리를 낚아채기도 하는 등 용맹스러운 모습이 마치 매나 독수리 같아 보인다.

4.우리나라에서 가장 큰 매미는 말매미인가?

말매미의 우화

말매미는 우리나라에 사는 매미 중 가장 크다. 도심지역 가로수에서도 만날 수 있으며, 울음소리도 매우 크다. 여러 마리가 모여서 울면 시끄러울 정도이다. 말매미 다음으로 큰 참매미나 유지매미도 여러 마리가 울면 역시 시끄럽다.

5. 개미나 벌처럼 모여서 생활하는 곤충이 있나요?

서로 협력하는 개미들

모여서 지내는 큰광대노린재 애벌레

개미와 벌의 대부분은 집단으로 모여 생활하는 사회성 곤충들이며 계급이나 체계가 잘 갖추어져 있다. 그 외 다른 곤충들은 사회성까지는 아니지만, 애벌레나 성충의 시기에 모여서 생활하는 경우가 많다. 나비와 나방 애벌레들, 노린재와 일부 메뚜기처럼 많은 곤충들이 모여서 함께 먹이를 먹고, 천적의 위험을 피하는 모습을 볼 수 있다.

딱정벌레

딱정벌레는 갑충(甲 갑옷 갑 蟲 벌레 충), 겉날개를 포함한 몸 전체가 단단한 외골격으로 이루어진 곤충을 말한다. 장수하늘소처럼 큰 종류부터 개미사돈처럼 작은 종류도 있다. 풍뎅이와 사슴벌레, 하늘소처럼 많은 사랑을 받는 종류도 있다. 식성도 다양하고, 만날 수 있는 장소 또한 다양하다.

대부분의 곤충체험관이나 전시관, 농장에는 장수풍뎅이와 사슴벌레들을 사육하고 있으며, 아마추어 연구자들도 하늘소나 먼지벌레를 연구하는 등 딱정벌레는 인기있는 곤충이다. 종류가 많은 만큼 연구할 것도 많다. 아름다운 생명체를 오래도록 만날 수 있도록 환경이 보전되길 기대해본다.

길앞잡이

서식지

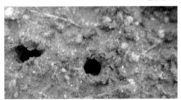
애벌레의 집

산책자들의 길잡이

길앞잡이

전국 *Cicindela chinensis* DeGeer, 1774

🌿 먹이 : 작은 곤충 🕐 활동시기 : 4~6월

🏠 월동형태 : 성충 🔍 관찰장소 : 야산, 산길, 휴양림 등

길앞잡이는 봄에 볼 수 있는 곤충으로 청록색 광택이 강하다. 머리는 초록색, 가슴은 붉은색이며, 윗날개는 초록색 바탕에 검은색, 붉은색, 흰 점무늬 등이 얼룩처럼 덮여 있다. 가슴 아랫면에는 흰 털들이 있으며, 봄에 길을 안내하듯이 날다가 땅에 앉는 행동을 반복한다. 애벌레는 흙 속에 수직으로 굴을 판 다음 숨어 있다가 지나가는 곤충을 사냥한다.

짝짓기 중인 무당벌레 한쌍

진딧물이 많은 갈퀴나물

동면을 준비하는 모습 (원 안)

진딧물의 천적

무당벌레

전국   *Harmonia axyridis* (Pallas, 1773)

먹이 : 진딧물, 깍지벌레 등   활동시기 : 1년 내내

월동형태 : 성충   관찰장소 : 야산, 산림, 공원 등 진딧물이 많은 곳

몸은 반구형이고 곁눈을 제외한 머리의 등 면은 노란색에서 검은색까지 다양하며 광택이 난다. 배면은 검은색이고, 날개의 색과 점의 숫자는 매우 다양하다. 진딧물이 많은 식물에서 볼 수 있으며, 손으로 잡으면 노란색의 냄새 나는 액체를 낸다. 겨울에는 성충으로 월동하지만, 따뜻하게 기온이 오르면 한겨울이라도 날아다니는 경우가 많다.

노랑무당벌레

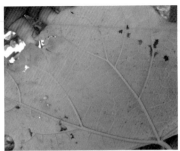
흰가루병에 걸린 양버즘나무 잎

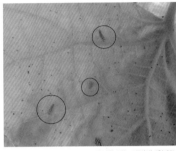
먹이를 먹는 애벌레 (원 안)

노란색의 번데기

노랑무당벌레

전국   *Illeis (Illeis) koebelei koebelei* Timberlake, 1943

🌿 먹이식물 : 흰가루병 균사체(농작물이나 기타 식물 병원균) 🕐 활동시기 : 4~9월

🐞 월동형태 : 성충 🔍 관찰장소 : 저지대, 밭, 들판 등

노랑무당벌레는 진딧물이 아닌 식물성 병원균인 흰가루병에 걸린 식물
에서 볼 수 있다. 작물이나 가로수인 양버즘나무 등에서 관찰할 수 있다.
머리와 가슴은 흰색이고, 겹눈은 검은색이다. 더듬이와 다리, 날개 모두
노란색이고, 애벌레와 번데기 역시 검은 점무늬가 있는 노란색이다. 성
충과 애벌레 모두 흰가루병의 균사체를 갉아 먹는다.

칡 잎 뒷면의 배자바구미

먹이인 칡

칡의 연한 잎을 먹는 모습

새똥 닮은 바구미

배자바구미

전국   *Sternuchopsis (Mesalcidodes) trifidus* (Pascoe, 1870)

먹이 : 칡   활동시기 : 5~10월

월동형태 : 성충   관찰장소 : 저지대, 공원, 낮은 산지 등

칡 잎이나 줄기에서 관찰할 수 있는 배자바구미는 새똥을 닮았다. 머리는 흰색, 주둥이는 검은색이다. 가슴은 검정 얼룩이 있는 흰색이며, 윗날개는 검은색 바탕에, 가운데는 흰색이다. 다리 역시 검은색이고, 몸의 아랫부분 역시 흰색과 검은색이 섞여 있다. 자극을 받으면 죽은 것처럼 행동한다.

흰점박이꽃무지

참나무 옹이를 먹는 모습

짝짓기 중인 한쌍

약으로 쓰이는

흰점박이꽃무지

전국   *Protaetia brevitarsis* Lewis, 1879

🌿 먹이식물 : 참나무 수액, 썩은 과일 등   🕐 활동시기 : 5~9월

🐞 월동형태 : 성충   🔍 관찰장소 : 산림, 저지대 활엽수림, 참나무 숲 등

흰점박이꽃무지는 약용곤충으로 유명하다. 성충은 어두운 녹색에 작은
점무늬가 있으며, 광택이 강하고 머리는 사각형이다. 날아다닐 때 겉날
개는 거의 펼치지 않으며, 속날개로 빠르게 날아다닌다. 애벌레는 썩은
나무를 먹으며, 털이 많고 다리가 짧은 편이다.

풍이

생활터전인 참나무류

네발나비와 수액을 먹는 모습

참나무 숲에서 노는

풍이

전국   *Pseudotorynorrhina japonica* Hope, 1841

🌿 먹이 : 참나무 수액, 썩은 과일 등   🕐 활동시기 : 5~9월

🏠 월동형태 : 성충   ✪ 관찰장소 : 산림, 저지대 활엽수림, 참나무 숲 등

흰점박이꽃무지와 비슷하지만 다른 곤충이다. 머리는 사격형에 종아리마디 안쪽에는 노란 털이 가득 있다. 전체적인 체색은 초록색이 섞인 밤색인데, 붉은색인 경우도 많고 제주도에서 보이는 풍이 중에는 광택이 나는 암청색을 띠기도 한다. 흰점박이꽃무지와 같이 관찰되기도 하며, 여러 마리가 모여 다른 곤충들과 참나무 수액을 먹는다.

보라금풍뎅이

발견된 장소

먹이인 동물의 배설물

동물 배설물을 분해하는

보라금풍뎅이

전국　　　　　　　　　　　　*Geotrupes stercorarius* (Linnaeus, 1758)

🍃 먹이 : 양이나 개, 기타 야생동물이나 사람의 배설물　🕐 활동시기 : 6~9월

🏠 월동형태 : 성충　✖ 관찰장소 : 산림, 저지대 활엽수림, 참나무 숲 등

보라금풍뎅이는 광택이 있고 보라색이 도는 청람색이며, 털도 많고, 뒷
다리에는 가시가 있다. 산길이나 목장 등에서 보이며, 몸에 응애가 있는
경우가 많다. 사람이나 다른 동물의 배설물을 둥글게 뭉쳐 땅에 묻은 다
음 산란한다. 빛나는 보라색이 아름다운 곤충이지만, 손으로 잡으면 입
에서 이물질을 토해내 상대를 당황하게 한 후 도망간다.

장수풍뎅이 수컷

장수풍뎅이 암컷

사육중인 애벌레

참나무 숲을 호령하는

장수풍뎅이

전국   *Trypoxylus dichotomus* Linnaeus, 1771

🌿 먹이 : 참나무 수액, 낙과 등   ⏱ 활동시기 : 6~9월

🏠 월동형태 : 애벌레   🔍 관찰장소 : 참나무 숲, 표고버섯 재배지, 활엽수림 등

몸통은 짙은 밤색 또는 밝은 갈색이다. 머리에 긴 뿔이 있고 뿔 끝은 Y 자 모양이며, 두 갈래로 갈라져 있다. 가슴 윗부분에 돌기가 솟아 있다. 암컷은 뿔이 없다. 다리의 마디에는 날카로운 돌기가 있고, 발톱은 갈 고리처럼 휘어져 나무를 타기가 수월하다. 애벌레는 썩은 나무나 두엄 속에서 자란다. 숨구멍은 붉은색이다.

외뿔장수풍뎅이 수컷(아래)과 암컷

작지만 강한 육식성

외뿔장수풍뎅이

전국 *Eophileurus chinensis* Faldermann, 1835

먹이 : 참나무 수액, 작은 곤충, 죽은 곤충 　 활동시기 : 5~9월

월동형태 : 애벌레 　 관찰장소 : 참나무 숲

몸 빛깔은 검은색으로 약한 광택이 있다. 수컷의 머리방패에는 중앙에 위로 향한 뿔 모양의 작은 돌기가 있고, 암컷은 같은 위치에 더 짧은 돌기가 있다. 앞가슴등판은 수컷의 경우 가운데에 타원형의 오목한 곳이 있고 그 속에 점무늬가 있으며, 암컷의 경우 오목한 곳이 덜 들어가 있다. 성충은 죽은 곤충을, 애벌레는 썩은 참나무를 갉아 먹는다.

늦반딧불이 수컷

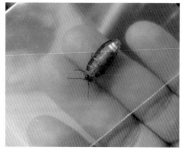

수컷의 발광기관

애벌레

머리에 있는 독침(화살표)

늦가을 숲을 비추는

늦반딧불이

전국   *Pyrocoelia rufa* (Olivier, 1886)

🌿 먹이식물 : 나무의 수액, 즙 ● 활동시기 : 7~8월

🏠 월동형태 : 애벌레 🔍 관찰장소 : 야산, 공원, 도심 가로수 등

늦여름에 보이며 국내 서식 반딧불이 중 가장 크다. 수컷은 검은색 날
개에 넓은 가슴과 배가 주황색이며, 머리는 가슴판 아래에 숨겨져 있
다. 암컷은 날개가 없고, 노란색에 배가 크다. 가슴은 붉은 편이며, 빛을
내는 발광기관은 배 끝마디 2곳에 있다. 애벌레와 번데기도 빛을 낸다.
머리에 있는 독침으로 달팽이를 찔러 잡아먹는다.

사시나무잎벌레

서식중인 은사시나무

잎을 갉아먹는 애벌레

사시나무 숲의 주인공

사시나무잎벌레

전국   *Chrysomela populi* Linnaeus, 1758

🌿 먹이식물 : 사시나무, 황철나무, 포플러나무 🕐 활동시기 : 4~10월

🏠 월동형태 : 성충 🔍 관찰장소 : 산림, 저지대 은사시나무 등

사시나무에 사는 사시나무잎벌레는 무당벌레보다 큰 곤충이다. 몸의
형태는 둥글고, 위로 약간 속은 형태이다. 딱지날개인 윗날개는 붉은색
이며, 가슴과 더듬이, 날개와 배 아랫면은 광택이 나는 청람색이다. 애
벌레는 회백색에 검은 점무늬가 있으며, 몸 가장자리는 검은색 돌기들
이 나 있다.

열점박이별잎벌레

머루의 잎

우화가 끝난 성충

우리나라에서 가장 큰 잎벌레

열점박이별잎벌레

전국   *Oides decempunctatus* (Billberg, 1808)

먹이 : 머루, 포도나무 등   활동시기 : 5~9월

월동형태 : 애벌레   관찰장소 : 산림, 포도밭, 머루 자생지

열점박이별잎벌레는 한국에 분포하는 잎벌레 중 가장 큰 종류의 하나
이다. 몸은 전체적으로 조금 긴 타원형이지만 등의 높이가 높고, 몸은
황갈색을 띠고 더듬이는 흑갈색이다. 딱지날개의 위쪽에는 5쌍의 둥근
검은색 무늬가 있다. 애벌레는 노란색의 체색을 가지고 있으며, 머루와
포도나무 잎을 갉아 먹는 해충이다.

등빨간거위벌레

느릅나무

요람을 만드는 암컷

잎을 요람 삼아 애벌레를 보호하는

등빨간거위벌레

전국　　　　　　　　　　　　　　　　　*Tomapoderus ruficollis* (Fabricius, 1781)

🍃 먹이식물 : 느릅나무, 느티나무 등　🕐 활동시기 : 6~10월

🏠 월동형태 : 애벌레　🔍 관찰장소 : 산림, 저지대, 공원 등

등빨간거위벌레는 잎을 말아 요람을 만들어 알을 낳는 거위벌레 종류이다. 느릅나무나 느티나무에서 발견되며, 온몸은 붉은 주황색이나 밝은 주황색이며, 겉날개는 광택이 나는 청람색이다. 머리는 주황색이고, 겹눈 가운데에는 검은색 점무늬가 있다. 알은 노란색 타원형이고 애벌레는 잎을 갉아 먹고 지내면서 그 속에서 번데기가 된다.

목가는먼지벌레

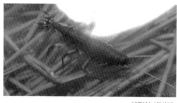

채집한 애벌레

번데기(사육)

밤길을 배회하는

목가는먼지벌레

전국(남부지방에 많음)   *Galerita (Galerita) orientalis* Schmidt-Göbel, 1846

🍃 먹이 : 작은 곤충   ⏰ 활동시기 : 6~10월

🏷 월동형태 : 애벌레   ✖ 관찰장소 : 산림, 저지대, 공원 등

땅 위를 기어 다니는 야행성 곤충이다. 머리와 가슴은 작고, 겉날개와 배는 약간 넓다. 머리는 붉은색, 가슴은 검은테두리에 붉은색이다. 겉날개는 점열이 많은 검은색이며, 다리는 연한 오렌지색인데, 다리마디는 검다. 애벌레는 검은색에 가슴 가장자리와 다리의 안쪽이 오렌지색이며, 배의 끝에는 긴 오렌지색 돌기가 2개 길게 나 있다.

149

넉점박이송장벌레

동물사체에 숨은 모습

죽은 동물을 먹는 모습

사체 청소부

넉점박이송장벌레

전국   *Nicrophorus quadripunctatus* Kraatz, 1877

🌿 먹이식물 : 동물의 사체나 죽은 곤충 등 🕐 활동시기 : 6~10월

🏠 월동형태 : 성충 🔍 관찰장소 : 산림, 휴양림 등

넉점박이송장벌레는 머리와 가슴이 검은색이고, 더듬이 끝은 붉은색이다. 가슴은 둥글고, 굴곡이 있다. 겉날개는 끝이 직각으로 되어 있고, 검은색 바탕에 가로로 굵은 붉은색 줄무늬가 2개가 있으며, 검은점무늬가 있다. 송장벌레의 특징답게, 여러 마리의 응애가 몸에 붙은경우가 많다.

큰넓적송장벌레

사체에 모이는

큰넓적송장벌레

전국　　　　　　　　　　　*Eusilpha jakowlewi* jakowlewi Semenov, 1891

먹이 : 동물의 사체 　 활동시기 : 5~9월

월동형태 : 성충 　 관찰장소 : 산림, 저지대 등

큰넓적송장벌레는 유선형의 몸에 작은 머리를 가지고 있다. 납작하고, 배는 날개보다 길게 나와 있다. 몸은 전체적으로 검은색이지만, 푸른 광택이 난다. 겉날개에는 세로로 줄무늬가 있다. 잡으면 종종 입에서 검은색의 끈적거리는 액체를 토해낸다. 애벌레는 길고 납작한 타원형이며, 성충과 함께 발견되기도 하며, 죽은 동물의 사체에 자주 모인다.

칡 잎에 앉은 먹가뢰

관찰장소

짝짓기 하는 성충들

먹가뢰

전국   *Epicauta (Epicauta) sibirica* (Pallas, 1773)

🍃 먹이식물 : 칡, 싸리나무 등 콩과 식물 🕐 활동시기 : 5~6월

🏠 월동형태 : 애벌레 🔍 관찰장소 : 저지대, 들판, 공원 등

먹가뢰는 '칸다리딘'이라는 독액을 가진 곤충이다. 온 몸이 광택이 나는 검은색이고, 배는 겉날개보다 조금 더 긴 편이다. 눈은 붉은색이고, 자극 받으면 다리마디에서 독액을 뿜는다. 칡이나 고삼 같은 콩과 식물에서 발견되며, 애벌레는 메뚜기의 알을 먹는다. 성충은 콩과 식물에서 많은 개체가 발견되기도 하며 천적이 다가오면 숨거나 날아가 버린다.

얼룩무늬좀비단벌레

느릅나무에서 만나는

얼룩무늬좀비단벌레

전국(남부지방에 많음)   *Trachys variolaris* E. Saunders, 1873

먹이 : 느릅나무, 느티나무, 참나무류 등   활동시기 : 5~8월

월동형태 : 성충   관찰장소 : 산림, 저지대, 공원 등

얼룩무늬좀비단벌레는 크기가 매우 작은(4mm) 비단벌레지만, 먹이식물의 잎 가장자리를 갉아먹으므로 관찰이 어렵지 않다. 머리와 가슴은 금색이고, 딱지날개는 검은색과 금색, 은백색이 섞여 얼룩덜룩하다. 봄부터 활동하며, 느릅나무와 밤나무, 상수리나무 등 활엽수의 잎을 갉아먹는다. 자극을 받으면 죽은 척한다.

육점박이호리비단벌레

팽나무

줄기에 앉은 성충

6개의 흰 점무늬가 있는

육점박이호리비단벌레

전국   *Agrilus ater* (Linnaeus, 1767)

🍃 먹이식물 : 팽나무 등 활엽수 🕐 활동시기 : 5~7월

🏠 월동형태 : 애벌레 ✖ 관찰장소 : 산림, 저지대, 공원 등

육점박이호리비단벌레는 작고 가느다란 몸을 가지고 있다. 광택이 나는 남색에 겉날개에는 6개의 흰 점무늬가 있다. 배의 아랫면에도 흰 점무늬가 있으며, 배의 등 부분은 광택이 나는 남색이다. 봄이나 초여름 햇빛이 강한 날, 팽나무 등 활엽수의 꼭대기 부근을 날아다닌다.

후박나무에 날아와 앉은 소나무비단벌레

서식지

보도블럭에 앉은 성충

남부지방 소나무 숲 지킴이

소나무비단벌레

전국(남부지방에 많음)　　　　　　　　　*Chalcophora japonica japonica* Gory, 1840

🌿 먹이식물 : 적송 등 소나무류　🕐 활동시기 : 5~10월

🏠 월동형태 : 애벌레　✹ 관찰장소 : 산림, 저지대, 소나무 숲, 공원 등

소나무비단벌레는 우리나라 남부지방에서 주로 발견되며, 소나무가 있는 숲이나 낮은 산지, 공원이나 해안가에서도 관찰된다. 몸 빛깔은 적동색 또는 금동색이며, 황회색 비늘조각으로 덮여 있어 나무껍질과 비슷한 보호색을 하고 있다. 날씨가 좋은 날 잘 날아다니며, 애벌레는 죽은 소나무를 먹는다.

왕빗살방아벌레 암컷

애벌레 먹이인 썩은 나무

더듬이가 긴 수컷(중국산 표본)

몸을 뒤집으면 튀어 오르는

왕빗살방아벌레

전국   *Pectocera fortunei* Candèze, 1873

🐛 먹이 : 작은 곤충   🕐 활동시기 : 5~8월

🏠 월동형태 : 성충   🔍 관찰장소 : 산림, 저지대

왕빗살방아벌레는 몸을 뒤집으면 튀어 올라 균형을 잡는다. 갈색의 긴
몸에 흰 얼룩이 있으며, 겉날개에는 세로로 점열들이 있다. 수컷은 더듬
이가 긴 빗살 모양이지만, 거의 발견되지 않고, 돌기기 난 평범한 더듬이
를 가진 암컷이 주로 관찰된다. 애벌레는 썩은 나무 안에서 작은 곤충을
먹고 자란다. 성충은 밤에 가로등 불빛에도 잘 날아온다.

나방 애벌레를 먹는 풀색명주딱정벌레

관찰되는 산림의 수로

먹이인 나방 애벌레

나방 애벌레를 잡아먹는

풀색명주딱정벌레

전국(남부지방에 많음)   *Calosoma (Calosoma) cyanescens* (Motschulsky, 1859)

먹이 : 나비나 나방 애벌레   활동시기 : 5~10월

월동형태 : 성충   관찰장소 : 산림, 휴양림 등의 낮은 관목림이나 수로 등

풀색명주딱정벌레는 머리와 가슴은 작고, 겉날개와 배 부분은 큰 편이다. 겉날개에는 세로로 점열들이 많이 있으며, 초록색 광택이 나는 검은색이다. 수컷은 앞다리에 넓적한 흡반이 있고, 암컷은 없다. 산림의 수로 벽면이나 낮은 나무 위에서 살아가며, 나방의 애벌레를 잡아먹는다.

157

홍단딱정벌레

제주도의 홍단딱정벌레

지리산의 홍단딱정벌레

색을 보는 즐거움

홍단딱정벌레

전국 · *Carabus (Coptolabrus) smaragdinus* Fischer, 1823

🦗 먹이 : 작은 곤충 🕐 활동시기 : 5~10월

🏠 월동형태 : 성충 ✖ 관찰장소 : 산림, 저지대 등

홍단딱정벌레는 머리와 가슴, 겉날개가 붉은색이고, 다리와 몸 아랫면은 검은색이다. 겉날개에는 크고 작은 점무늬가 울퉁불퉁하게 나 있다. 지역이나 고도에 따라 다양한 색(제주: 와인, 검은색, 강원도 고지대, 지리산: 청록색 등)을 가지고 있다. 몸 색이 아름다워 연구자들에게 인기가 많다.

길쭉꼬마사슴벌레(사육)

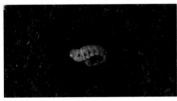

애벌레

애벌레 먹이인 썩은 활엽수

썩은 나무에서 흔히 보는

길쭉꼬마사슴벌레

제주도, 여서도, 가거도, 거문도 등   *Figulus punctatus punctatus* Waterhouse, 1873

🍃 먹이 : 작은 곤충   🕐 활동시기 : 6~9월

🏠 월동형태 : 애벌레, 성충   ✖ 관찰장소 : 썩은 활엽수가 있는 숲

길쭉꼬마사슴벌레는 제주도와 일부 남해안 섬에 사는 소형 사슴벌레로, 길쭉한 형태를 가지고 있다. 몸은 검은색이고, 가슴은 세로로 패인 모양이다. 제주도와 남해안의 일부 섬에서 살아가며, 썩은 팽나무 등에서 모여서 지낸다. 성충은 죽은 곤충을 먹는 육식성이다. 애벌레는 썩은 나무를 갉아 먹으며, 성충과 함께 모여 있을 때가 많다.

큰꼬마사슴벌레

서식지

사육했던 큰꼬마사슴벌레

큰꼬마사슴벌레

전남 신안군 홍도, 가거도　　　　　　　　　　　*Figulus binodulus* Waterhouse, 1873

🍃 먹이 : 작은 곤충　🕐 활동시기 : 6~9월

🏠 월동형태 : 애벌레, 성충　✖ 관찰장소 : 썩은 활엽수가 있는 숲

큰꼬마사슴벌레는 전남 신안군의 일부 섬에서 살아간다. 길쭉꼬마사슴
벌레와 비슷하지만, 크기는 더 크고 광택이 강하며 겉날개에 진한 점열
이 세로로 있다. 큰 턱은 굵고, 안에 내치가 있으며, 가슴엔 세로로 패인
홈이 있다. 성충은 죽은 곤충을 먹는 육식성이다. 애벌레는 썩은 나무의
속을 갉아먹고 지내며, 성충과 같이 발견되기도 한다.

꼬마넓적사슴벌레(맨 오른쪽은 앞컷)

애벌레 먹이인 썩은 소나무

사육했던 꼬마넓적사슴벌레

썩은 소나무에서 자라는

꼬마넓적사슴벌레

제주도, 신안군, 남해안의 섬 지역   *Aegus subnitidus subnitidus* Waterhouse, 1873

먹이 : 참나무 수액, 썩은 소나무(애벌레) ● 활동시기 : 6~8월

월동형태 : 애벌레, 성충 ✖ 관찰장소 : 썩은 활엽수가 있는 숲

꼬마넓적사슴벌레는 광택이 도는 검은색에 납작한 편이다. 겉날개에는 세로로 점열이 나 있고, 흙이 묻어있는 경우도 많다. 수컷은 큰 턱에 내치가 1~2개가 있으며, 암컷의 큰 턱은 작고 넓적하다. 성충은 활엽수 수액에 모여들고, 애벌레는 썩은 소나무를 먹고 자란다. 번데기가 될 때는 꽃무지처럼 '코쿤'이라는 번데기 방을 만든다.

채집된 톱사슴벌레

톱사슴벌레 수컷

톱사슴벌레 암컷

큰 턱과 붉은색의 매력

톱사슴벌레

전국   *Prosopocoilus inclinatus* (Motschulsky, 1857)

🌿 먹이 : 참나무류 수액, 썩은 활엽수(애벌레)   🌓 활동시기 : 6~8월

🐞 월농형태 : 애벌레, 성충   🔍 관찰장소 : 활엽수림, 휴양림 등

산림에서 볼 수 있고 광택이 있는 갈색이다. 수컷은 내치가 있는 큰 턱을 가지고 있으며, 크기가 클수록 큰 턱이 휘어진다. 암컷은 유선형의 몸이고, 큰 턱은 짧다. 불빛에 잘 날아오고 난폭한 성격을 가지고 있는데다가 다리가 길어서 나뭇가지에 매달려 있기도 한다. 애벌레는 썩은 활엽수의 뿌리에서 발견되며, 겨울에는 성충과 같이 발견되기도 한다.

홍다리사슴벌레 한쌍

채집한 애벌레

채집한 성충들

붉은색 부츠 신은 패션왕

홍다리사슴벌레

전국 고산지대   *Dorcus rubrofemoratus chenpengi* (Li, 1992)

🍃 먹이 : 참나무 및 활엽수 수액, 썩은 활엽수(애벌레)   🕐 활동시기 : 6~8월

🏠 월동형태 : 애벌레, 성충   ✖ 관찰장소 : 활엽수림, 휴양림 등

산림에서 볼 수 있는 사슴벌레로 높은 산에서 산다. 몸은 광택이 나는 검은색이고, 다리 안쪽과 가슴 아랫면은 붉은색이다. 수컷은 큰 턱이 뻗어있으며, 끝에 내치가 1~3개가 있다. 다리가 다른 사슴벌레보다 긴 편이라 나뭇가지에 매달려 있기도 한다. 애벌레는 잘 썩은 활엽수를 갉아 먹고, 겨울에는 성충과 함께 발견되기도 한다.

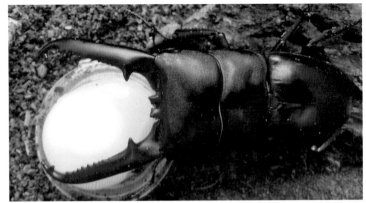

넓적사슴벌레 수컷

넓적사슴벌레 암컷

넓적사슴벌레 애벌레

최강 사슴벌레

넓적사슴벌레

전국   *Dorcus titanus castanicolor* (Motschulsky, 1861)

🍃 먹이 : 참나무류 수액, 썩은 활엽수(애벌레)   🕐 활동시기 : 5~10월

🏠 월동형태 : 애벌레, 성충   🔍 관찰장소 : 산림, 저지대, 야산 등

우리나라에서 가장 큰 사슴벌레로 길쭉하고, 납작한 형태이다. 광택이
나는 검은색이고, 수컷은 큰 턱이 길게 뻗어 있으며 내치가 빽빽하게 나
있다. 지역에 따라 큰 턱이 짧은 것도 있으며, 내치가 없는 상태가 나타
나기도 한다. 남부지방에서 발견되는 개체 중에는 몸이 크고, 큰 턱이 짧
고 굵은 개체가 발견되기도 한다.

털보왕사슴벌레 한쌍

온몸에 털 옷 입은 사슴벌레

털보왕사슴벌레

전라남도 해남   *Dorcus carinulatus koreanus* (Jang et Kawai, 2008)

🌿 먹이 : 참나무 수액, 썩은 소나무(애벌레)   ⏱ 활동시기 : 6~8월

🏠 월동형태 : 애벌레, 성충   🔍 관찰장소 : 활엽수림

털보왕사슴벌레는 16~24mm 정도의 작은 사슴벌레이다. 전남 해남의 두륜산과 인근에서 관찰할 수 있다. 갈색이나 밤색의 몸에 노란 털 뭉치들이 점열처럼 나 있다. 수컷의 큰 턱은 암컷보다 크며, 큰 턱 사이에 있는 머리방패도 암컷보다 크다. 겨울에 썩은 활엽수에서 애벌레와 성충이 같이 발견되며, 겨울잠 잘 때 여러 마리가 같이 발견된다.

165

왕사슴벌레 수컷

왕사슴벌레 암컷

왕사슴벌레 애벌레

대중의 인기가 높은

왕사슴벌레

전국   *Dorcus hopei hopei* (Saunders, 1854)

🍃 먹이 : 참나무류 수액, 썩은 활엽수(애벌레)   🕐 활동시기 : 5~7월

🏠 월동형태 : 애벌레, 성충   🔍 관찰장소 : 활엽수림, 저지대 등

왕사슴벌레는 애완 곤충 중 가장 인기가 높은 사슴벌레이다. 중·남부지방 시골 야산이나, 도심 외곽 저지대 참나무 숲에서 볼 수 있다. 광택 나는 검은색이고, 수컷은 큰 턱이 둥글게 휘어 있으며, 중간에 내치가 1개 있고 끝은 화살촉처럼 작은 돌기가 안쪽으로 나 있다. 암컷은 겉날개에 세로로 줄무늬가 있으며, 소형 수컷의 날개에도 줄무늬가 있다.

남색초원하늘소

서식지

먹이식물인 개망초

반짝이는 남색 옷을 입은

남색초원하늘소

전국 고산지대　　　　　　　　　　*Agapanthia (Epoptes) amurensis* Kraatz, 1879

🌿 먹이 : 꽃의 꿀이나 화밀　🕐 활동시기 : 5~6월

🏠 월동형태 : 애벌레　🔍 관찰장소 : 풀밭, 들판, 산길 등

남색초원하늘소는 흔하게 볼 수 있는 하늘소이다. 가늘고 긴 형태
에, 색은 광택이 나는 남색이다. 더듬이에는 털이 나 있으며, 특히 더
듬이 안쪽은 털 뭉치가 나 있다. 애벌레는 흔하게 만나는 개망초의
줄기를 먹으며, 겨울잠 잘 때 줄기를 잘라내고 뿌리 부근에서 겨울
잠을 잔다.

털두꺼비하늘소

벌목장

휴식을 취하는 모습

나무껍질처럼 위장하는

털두꺼비하늘소

전국 · *Moechotypa diphysis* (Pascoe, 1871)

🌿 먹이식물 : 각종 활엽수 🕐 활동시기 : 3~10월

🏠 월동형태 : 성충 🔍 관찰장소 : 활엽수림, 휴양림, 공원 등

털두꺼비하늘소는 흔하게 만나는 하늘소이다. 활엽수림과 시골, 공원 등 어디서든 볼 수 있다. 밤색의 몸에 적갈색 무늬가 얼룩처럼 나 두꺼비를 닮았으며, 딱지날개 윗부분에는 털 뭉치가 나 있다. 더듬이와 다리에도 검은색과 적갈색이 섞여 있으며, 애벌레는 각종 활엽수 고목을 갉아 먹는다. 발톱에는 빨판이 있어 유리 벽도 걸어갈 수 있다.

채집한 울도하늘소

먹이식물 무화과나무

아침에 발견된 모습(전남 여수)

노란 점무늬를 가진

울도하늘소

울릉도, 남해안, 내륙 일부   *Psacothea hilaris* (Poscoe, 1857)

🍃 먹이 : 뽕나무, 무화과나무, 닥나무, 팔손이나무 등 🕐 활동시기 : 6~8월

🏠 월동형태 : 성충 🔍 관찰장소 : 산림, 해안가나 섬 등

울릉도에서 처음 발견된 울도하늘소는 남해안에서 주로 발견되는 하늘소이다. 몸은 은회색의 바탕에 노란 점무늬가 있으며, 더듬이는 회색과 어두운색이 섞여 있다. 뽕나무와 무화과나무의 줄기나 잎사귀에서 주로 발견되며, 멸종위기야생동식물 2급으로 보호받다가, 개체수가 늘어나 해제되었다.

169

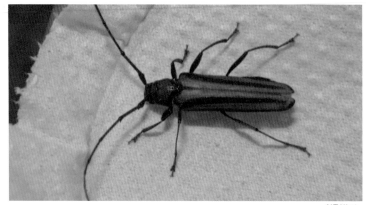
청줄하늘소

먹이식물인 자귀나무

채집한 청줄하늘소

반짝이는 청색 줄무늬

청줄하늘소

전국   *Xystrocera globosa* (Olivier, 1759)

🍃 먹이식물 : 자귀나무   🕐 활동시기 : 6~8월

🏠 월동형태 : 애벌레   ✖ 관찰장소 : 활엽수림, 해안가 주변 저지대 등

청줄하늘소는 자귀나무에서 발견되는 아름다운 곤충이다. 적갈색의 몸에 딱지날개는 밝은 갈색이고 광택이 나는 청색 줄무늬가 세로로 나 있다. 자귀나무의 줄기에 앉아있는 모습으로 발견되며, 애벌레는 자귀나무 고사목을 갉아 먹고 자란다. 야행성 곤충으로 밤에는 불빛에도 자주 날아온다.

모시긴하늘소

무궁화 줄기의 알

줄기 속의 알과 애벌레

무궁화하늘소로 불렸던

모시긴하늘소

남부지방 · *Paraglenea fortunei* Saunders, 1853

🍃 먹이 : 모시풀, 무궁화, 부용 🕐 활동시기 : 5~7월

🏠 월동형태 : 애벌레 🔍 관찰장소 : 산림, 저지대 등

모시긴하늘소는 모시풀과 무궁화에서 발견되는 아름다운 하늘소이
다. 무궁화에서 주로 발견되어 '무궁화하늘소'로 불린 적도 있다. 머
리는 검은색이고 가슴은 연한 청색에 검은색 점무늬가 있다. 딱지날
개는 검은색 바탕에 가운데와 점무늬가 청색이며, 배 아랫부분은 연
한 청색이다.

소나무하늘소

소나무 숲에서 만나는

소나무하늘소

전국   *Rhagium (Rhagium) inquisitor rugipenne* Reitter, 1898

먹이 : 소나무, 잣나무 등   활동시기 : 10월~이듬해 5월 초

월동형태 : 성충   관찰장소 : 침엽수림, 소나무가 있는 해안가 공원 등

소나무하늘소는 소형의 하늘소로, 소나무를 갉아 먹고 산다. 머리와 가
슴은 작고, 배와 딱지날개는 머리에 비해 큰 편이다. 더듬이도 짧고, 색
은 흑갈색이며, 딱지날개에는 황갈색의 줄무늬가 가로로 나 있고, 회백
색의 털이 촘촘하게 나 있다. 소나무 근처의 가로등이나 건물의 외벽에
날아오기도 하며 개체수가 많아 어렵지 않게 관찰할 수 있다.

알락하늘소

먹이식물인 수양버들

공원에서 발견된 알락하늘소

멋진 더듬이를 뽐내는

알락하늘소

전국   *Anoplophora malasiaca* (J. Thomson, 1865)

🍃 먹이식물 : 양버즘나무, 버드나무, 오리나무, 참나무 등 활엽수   🕐 활동시기 : 6~8월

🏠 월동형태 : 애벌레   ⊗ 관찰장소 : 활엽수림, 공원, 저지대 등

알락하늘소는 흔한 하늘소이며 활엽수림, 공원 심지어 도심지역에서도 곧잘 발견된다. 검은색 바탕에, 딱지날개에는 흰 점무늬가 있으며, 더듬이와 다리는 검은색과 연한 청색이 섞여 있다. 딱지날개 윗부분에는 돌기들이 나 있다. 발끝에는 빨판이 있어 유리 벽에도 잘 기어 다니며, 도심의 가로수에서도 자주 발견된다.

173

뽕나무하늘소

먹이식물인 뽕나무

무화과나무로 사육 중

뽕나무와 무화과나무의 단골손님

뽕나무하늘소

전국   *Apriona (Apriona) germari* (Hope, 1831)

🪰 먹이식물 : 뽕나무, 무화과나무   🕐 활동시기 : 7~9월

🏠 월동형태 : 애벌레   🔍 관찰장소 : 산림, 저지대, 민가 등

뽕나무하늘소는 하늘소와 비슷하지만, 크기는 조금 더 작고 더 두껍다.
더듬이는 검은색에 회색이 섞였으며, 다리는 검은색, 머리와 가슴, 딱지
날개는 갈색이다. 딱지날개 윗부분은 검은색 점 모양의 돌기들이 있으
며, 가슴에도 검은색 무늬가 있다. 밤에 불빛에 날아오기도 한다.

졸참나무 줄기 위의 참나무하늘소

애벌레의 탈출구

애벌레의 먹이활동

남부지방 참나무 숲의 강자

참나무하늘소

남부지방   *Batocera lineolata* Chevrolat, 1852

🌿 먹이 : 참나무류, 오리나무, 가시나무, 자작나무, 밤나무 등 ⏱ 활동시기 : 5~7월

🏠 월동형태 : 번데기, 성충 📍 관찰장소 : 활엽수림, 해안가나 섬 등

남부지방에서 발견되는 대형 하늘소이다. 몸은 검은색이 섞인 회색
이며, 가슴과 딱지날개에는 흰색 점무늬가 있다. 몸 아랫면은 흑회색
이며, 머리부터 배까지 양옆으로 흰색 줄무늬가 있다. 다양한 활엽수
를 먹이로 삼으며, 불빛에 날아오기도 한다. 애벌레는 살아있는 나무
를 해치며, 먹이 활동할 때 찌꺼기를 나무 밖으로 배출하기도 한다.

1. 길앞잡이는 왜 '타이거 비틀'이라고 불릴까?

길앞잡이

길앞잡이의 영명은 'Tiger beetle'이다. 애벌레와 성충 모두 호랑이라고 불릴 만큼 난폭하고 살벌한 포식자이기 때문이다. 성충은 작은 곤충을 발견하면 재빠르게 다가가 날카로운 이빨로 사냥한다.

애벌레는 땅 속에 수직으로 굴을 판 다음 숨어 있다가 개미나 다른 곤충이 지나가면 빠르게 튀어나와 사냥한다. 개미를 자주 사냥하는 모습 때문에 명주잠자리 애벌레와 같이 '개미귀신'이라고 불리기도 한다. 특히 등에는 갈고리도 있어서 먹잇감이 저항해도 굴속으로 끌려 들어가도록 특화되어 있어, 작은 곤충들에게는 공포의 대상이다.

길앞잡이 애벌레(사진제공 박지환)

2. 가뢰는 독충이라는데, 독이 벌보다 강할까?

남가뢰

둥글목남가뢰

가뢰는 성충의 몸에 독이 있다. '칸다리딘'이라는 물질로써, 자극을 받으면 다리의 관절 마디에서 칸다리딘을 뿜어낸다. 피부에 닿으면 통증을 유발하는 물집이 생겼다가, 물집 이 터진 후 화상을 입은 것 같은 상처가 생기는데, 마치 뜨거운 물이나 기름에 닿은 것 같 다고 한다.

3. 파리매는 어떤 곤충인가?

검정꽃무지

호랑꽃무지

꽃에서 자주 볼 수 있는 꽃무지는 꽃잎을 먹지 않고, 꽃의 꿀이나 활엽수 수액을 먹는다. 벌, 나비와 같이 꽃의 수정을 도와주기도 한다. 꽃무지라는 예쁜 이름처럼 꽃과는 뗄 수 없는 관계 같다.

4.먼지벌레는 먼지를 먹을까?

줄먼지벌레

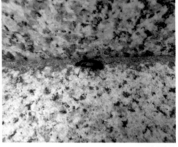
먼지벌레

먼지벌레는 이름처럼 먼지를 먹을 것 같지만, 진짜 먼지를 먹지는 않는다. 작은 곤충이나 달팽이를 잡아먹고, 죽은 곤충을 먹는다. 다만 종류가 많고, 주로 낙엽이나 돌 밑, 건물 외벽 등에서 발견되다보니, 먼지를 뒤집어쓴 모습처럼 보인다.

5. 밤과 도토리에 구멍을 뚫은 벌레는 어떤 곤충인가?

밤바구미

도토리거위벌레

지금도 종종 밤과 도토리에서 벌레가 발견된다. 밤 속에는 도토리밤바구미 애벌레가, 도토리 안에는 도토리거위벌레 애벌레가 있다. 도토리거위벌레는 다른 거위처럼 잎으로 요람을 만들지 않고, 도토리에 구멍을 뚫어 알을 낳는데, 천적으로부터 알을 보호하기 위해 도토리가 달린 나뭇가지를 잘라 땅 위로 떨어뜨린다. 우리에게는 불편한 상황이지만, 이들에게는 애벌레의 소중한 먹이인 셈이다.

6. 장수풍뎅이와 사슴벌레가 싸우면 누가 이길까?

장수풍뎅이(왼쪽)와 넓적사슴벌레

장수풍뎅이는 이름처럼 힘이 강해서 '장수'라는 이름이 붙었다. 말벌 중에서도 최강이라는 '장수말벌'도 장수풍뎅이에게 꼼짝을 못할 정도로 단단한 갑옷을 입었다. 그러나 넓적사슴벌레처럼 사슴벌레와 싸우면 지는 경우도 많다. 사슴벌레가 집게로 장수풍뎅이를 집어서 들어올리기도 한다. 영원한 강자는 없는 것 같지만, 장수풍뎅이와 사슴벌레가 숲의 최강자임은 틀림없는 사실이다.

부록

봄에 만날 수 있는 곤충들은 수수한 멋이 있다. 특히 성충으로 겨울잠을 자는 곤충들은 색이 바래거나 낡은 상태로 나오는데, 먹이를 먹고 짝짓기 준비를 하는 경우가 많다.

뿔나비

큰멋쟁이나비

뿔나비와 큰멋쟁이나비, 그리고 1년 내내 관찰할 수 있는 네발나비까지 많은 곤충들이 성충으로 겨울잠을 자고 봄에 만날 수 있다. 이른 봄에 나타나는 나방들도 있고, 먼지벌레와 딱정벌레들도 활동을 시작한다.

뿔나비

이른봄에 나타난 몸큰가지나방

봄은 여름을 시작하기 위해 준비하는 계절로 많은 곤충이 활동을 시작한다. 풀과 나무가 새싹을 내기 시작한 때로, 이때 성장하는 곤충은 크기가 작은 '봄형'이 나오기도 한다. '계절형'은 주로 나비에서 나타나며, 봄에 나타나는 나비의 후손은 여름에 폭풍 성장하여 더 크고 아름답게 자란다.

청띠제비나비 봄형

갈고리흰나비

봄을 알리는 대표적인 곤충 나비. 봄에만 활동하는 나비도 있고, 봄부터 보여 가을까지 보이는 나비도 있다. 나비를 보면 우리는 봄이 다가왔음을 느끼게 된다.

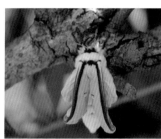

우화 후 날개를 말리는 옥색긴꼬리산누에나방

봄은 나방들도 활동을 시작한다. 여름철 시골 가로등과 휴양림 등에서 관찰할 수 있는 옥색긴꼬리산누에나방 등이 활동을 시작한다. 또 봄에만 관찰할 수 있는 곤충도 많다. 봄이라고 해서 볼 수 있는 곤충들이 적은 것은 아니므로 준비를 하고 밖으로 나가 보는 것도 좋은 방법이다.

빌로오드재니등에

길앞잡이

꽃에는 나비와 벌, 등에가 모여들고, 임도나 시골길에는 길앞잡이들이 날아다니며 자신의 존재를 알리기도 한다. 특히 도심외곽이나 시골길로 이동하게 되면 다양한 곤충들을 볼 수 있고, 그 만큼 곤충들의 애벌레들도 눈에 띄게 된다.

대벌레 애벌레

비단노린재

봄에 만날 수 있는 곤충의 애벌레들은 초여름에 성충이 되어 여름에 활동을 하게 된다. 또 성충들은 짝짓기를 하고 알을 낳기도 한다. 이렇게 봄은 많은 곤충들의 생활의 시작점이 되고 봄에 만나는 곤충을 통해 여름에 만날 곤충도 기대하게 된다.

봄에 관찰된 애호랑하늘소

곤충 채집 모습

여름은 다양한 곤충들을 많이 만날 수 있는 최적의 계절이다. 또한 장마철도 끼어있고, 무더위도 있어 다양한 환경에서의 곤충을 관찰할 수 있다. 도심지를 조금만 벗어나면 그대로 곤충의 세계이다. 심지어 밤에는 가로등 불빛에도 볼 수 있다.

꽃매미 애벌레

왕귀뚜라미 애벌레

여름의 시작은 먹이식물과 서식지에서 볼 수 있는 애벌레들이다. 가죽나무에 화려한 꽃매미 애벌레가 보이고, 산초나무에 호랑나비 애벌레가 보이면 곧 만날 곤충들을 기대하게 된다.

풀색노린재의 짝짓기

후박나무 가지 위의 소바구미

물론, 환경오염 등으로 곤충 보기가 예전같지 않지만, 환경이 깨끗한 곳은 오히려 많은 수의 곤충들이 서식하고 있다. 잎이나 가지 뒤에 숨어 있는 곤충들이 많고, 밤에 활동하는 곤충들도 많다.

방아깨비

잔날개여치

풀 숲에는 다양한 메뚜기목 곤충들이 있다. 방아깨비나 여치, 메뚜기들이 활동하고 있고, 쌕쌔기의 울음소리와 풀 숲 근처 나무에서 우는 매미들로 인해 여름임을 실감한다.

남해안 억새풀에서 발견되는 여치베짱이

매미와 밤에 우는 여치베짱이는 여름을 실감케 한다. 억새밭에서 우는 여치베짱이는 매우 큰 울음소리로 자신의 존재를 알리는데, 무더운 여름밤에 더 크다. 베짱이와 귀뚜라미도 자신의 존재를 알리지만, 여치베짱이에게는 어림도 없다.

콩박각시 애벌레

청띠제비나비 애벌레

파리팔랑나비　　　　　　　　　청띠제비나비의 우화

나비와 나방의 애벌레는 여름 초목의 또 다른 주인이다. 왕성한 식욕을 자랑하며 폭풍성장 하는 애벌레들은 번데기 시기를 거쳐 곧 여름 하늘을 누비길 꿈꾸고 있다. 기생벌의 공격만 피한다면 무사히 우화하여 아름다운 날개를 가질 수 있다.

여름에 관찰되는 풍뎅이들 중 일부

아름다운 나비들은 꽃과 먹이식물 근처에서 활발하게 활동한다. 그러나 흐리거나 비가 오는 날이면 잎이나 가지에서 휴식을 취한다. 나비 뿐 아니라 나방과 다른 곤충들도 마찬가지다.

휴식을 취하는 참나무하늘소　　　　난간을 기어가는 알락하늘소

풍뎅이들도 여름에 활동하는 종류가 많다. 잎이나 나뭇가지를 기어오르거나 갉아먹는 등의 활동을 한다. 날씨가 너무 덥거나 습도에 따라 잠시 휴식을 취하기도 한다.

밤에 채집한 왕사슴벌레 　　　　　　　　　비 오는 날의 넓적사슴벌레

많은 하늘소들도 낮에 활동하는 종류는 활발하게 날아다니고, 여기저기 기어다닌다. 밤에 활동하는 하늘소는 낮에는 숨거나 휴식을 취하고, 밤에 먹이활동을 하며 불빛에도 날아다닌다.

사슴벌레들은 장수풍뎅이와 함께 여름밤을 호령한다. 낮에는 숨어 있다가 밤에 나와 참나무 수액에 모여든다.

달팽이를 잡은 먼지벌레 　　　　　　　　　낮에 활동하는 거위벌레

이 외에 먼지벌레나 거위벌레, 많은 수의 나방도 여름에 활동한다. 먹이활동을 하고, 짝짓기를 준비하고, 영역 다툼을 하는 등 사계절 중 가장 바쁘고 다이나믹한 곤충의 세계가 여름에 일어난다.

낮에도 곤충이 많고, 밤에도 곤충이 많다. 물론, 여름에 우리가 만나는 곤충들은 가을과 겨울을 준비하는 친구들이다. 그래서 더욱 바쁘게 지내는 것처럼 보일지도 모른다.

짝짓기 중인 두줄제비나비붙이

가을에는 볼 수 있는 곤충이 많지 않다. 잠자리와 풀벌레를 포함하여 다양한 곤충이 있지만, 성충으로 겨울잠 자는 경우를 제외하곤, 짝짓기와 산란을 준비하는 곤충들이 많다.

남방부전나비

줄점팔랑나비

가을 꽃밭에는 많은 나비와 나방을 볼 수 있다. 호랑나비, 부전나비, 팔랑나비들을 주로 관찰할 수 있는데, 이들은 애벌레나 번데기 등으로 동면한다. 가을에 열심히 먹고 산란을 하는 것부터가 겨울을 미리 준비하는 것이다.

남방노랑나비

작은멋쟁이나비

성충으로 겨울잠 자는 나비들도 가을에 많이 볼 수 있다. 이들은 꿀을 많이 먹어두고 겨울잠 잘 장소를 찾는다. 추위와 눈보라를 피할 수 있는 곳이라면 건물 외벽도 마다하지 않는다.

겨울을 준비하는 베짱이

겨울을 준비하는 베짱이

실베짱이, 중베짱이 등은 가을을 노래하는 곤충들이다. 수컷이 노래를 부르면 관객은 암컷이 된다. 베짱이는 동화 『개미와 베짱이』에서처럼 게으른 것이 아니고, 겨울을 준비하기 위해 짝을 찾는 사랑의 노래를 부른다.

넓적배사마귀

사마귀의 짝짓기

여름에 많이 보이는 사마귀도 가을에는 더욱 바빠진다. 많이 먹고, 짝짓기를 해야 겨울이 오기 전에 알을 낳을 수 있기 때문이다. 그래서 가을에 보이는 사마귀는 대부분 암컷이고, 알을 밴 상태가 많다. 수컷은 짝짓기 후 죽기 때문에 잘 보이지 않는다.

우리벼메뚜기

청솔귀뚜라미

메뚜기와 귀뚜라미도 가을에 많이 보인다. 성충으로 겨울잠 자는 종류를 제외하고는 짝짓기를 하고 알을 낳기 위해 가을을 알차게 활용한다. 가을밤에 베짱이와 함께 귀뚜라미들은 음악회를 열면서 암컷들을 초대한다. 우리가 가을에 듣는 귀뚜라미 소리는 겨울을 준비하는 곤충들의 밤 음악회라고 할 수 있다.

고추좀잠자리   홍줄노린재 애벌레

많은 잠자리와 노린재, 그 외 다양한 곤충들도 바쁘게 지낸다. 짝짓기를 하고, 알을 낳고 성충으로 탈피를 한다. 늦가을이 되면 우리가 볼 수 있는 곤충들의 숫자는 줄어든다. 그러나 이들은 혹독한 겨울 추위를 견디기 위해 준비하고 있기 때문에, 이들의 삶을 존중해줄 필요가 있다. 이 곤충들 때문에 가을이 더욱 풍성해진다.

겨울은 춥고 눈이 오는 계절이라 곤충이 잘 보이지 않는다. 하지만 찾아보면 추위를 피해 겨울잠 자는 모습을 볼 수 있고, 겨울에 활동하는 곤충도 일부가 있다. 일부의 나비는 겨울이라도 해가 뜨면 날아다니는 경우도 있다.

암청색줄무늬밤나방

극남노랑나비

나비와 나방은 거의 애벌레나 번데기로 동면하지만, 어른벌레로 겨울잠을 자는 종류도 있다. 따뜻한 남부지방에서는 쉽게 볼 수 있으며, 기온이 오르면 날개를 펼쳐 일광욕을 하기도 한다. 그러나 움직임은 최소화하여 다시 동면할 준비를 한다.

은날개녹색부전나비 알

남방쐐기나방 고치

대부분의 곤충은 나비와 풀벌레처럼 알이나 번데기로 동면한다. 참나무 새순에서는 녹색부전나비류와 나방의 알이 보이고, 나무 줄기에는 쐐기나방의 고치나 사마귀 알집이 보인다. 이 알껍질은 추운 겨울을 견뎌, 봄에 깨어날 애벌레를 위해 보호막처럼 되어 있다.

좀매부리

썩덩나무노린재

일부 메뚜기류와 노린재도 성충으로 겨울잠을 잔다. 낙엽이나 나무껍질 등에서 동면하지만, 햇볕이 좋으면 나비처럼 일광욕을 나오기도 하는데, 에너지 소비를 최소화해야 이어서 잘 수 있고, 또 겨울에는 먹이가 없기 때문이다.

차주머니나방 애벌레 집

무당벌레 번데기와 성충

주머니나방(도롱이벌레)처럼 집을 짓거나, 무당벌레처럼 모여서 겨울잠을 자는 곤충도 많다. 곤충들은 낙엽을 말아서 겨울잠을 자거나 나무껍질에 모여 겨울잠을 자기도 한다.

넓적사슴벌레 애벌레

노린재류

나무껍질이나 썩은 나무는 많은 곤충들의 호텔격이다. 사슴벌레, 장수풍뎅이, 하늘소와 각종 노린재, 잎벌레들이 겨울잠 자는 장소로 선택한다. 벌과 기타 곤충들도 썩은 나무를 애용한다.

얼어붙은 하천   날도래 애벌레

겨울 물 속도 겨울잠 자는 장소로 좋다. 물 위는 얼음이 얼어도 물 속의 낙엽이나 돌 아래는 뱀잠자리, 잠자리, 강도래, 날도래, 물삿갓벌레, 게아재비, 물자라 등 다양한 수서곤충들의 안식처로 사용된다.

겨울잠 자는 왕오색나비 애벌레(왼쪽)와 흑백알락나비 애벌레(오른쪽)

겨울은 곤충들이 깊은 잠을 자는 계절이다. 그러나 이들은 겨울잠을 자면서, 동시에 봄을 기다리고 있다. 겨울에 만나는 곤충들을 통해 이들이 겨울을 잘 견디고, 봄이 왔

을 때 아름다운 날개를 펼치고 훨훨 날 수 있도록 응원해주는 건 어떨까?

왕오색나비 애벌레

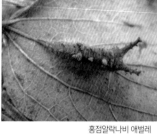
홍점알락나비 애벌레

이로운 곤충, 즉 사람에게 정서적으로든, 식용으로든 여러 면으로 도움을 주는 곤충을 말한다. 세상에는 다양한 곤충이 살아가는 만큼 사람에게 도움을 주는 곤충들이 많으며, 직간접적으로 도움을 받고 있다. 그러한 곤충 몇 가지를 소개한다.

가는실잠자리(월동)

황줄왕잠자리

잠자리는 사람에게 직접적으로 도움을 주는 곤충 중 하나이다. 애벌레와 성충 모두 포식성과 사냥 실력이 뛰어나 많은 곤충이 두려워하는 곤충이기도 하다. 크기가 작은 실잠자리 종류는 하루살이나 각다귀 종류를, 밀잠자리나 고추잠자리 같은 중간크기의 잠자리는 모기, 파리, 등에, 잎벌레 등을 잡아먹고, 왕잠자리나 장수잠자리 종류는 나방이나 하늘소 같은 큰 곤충도 공격한다. 애벌레는 물속에서 살아가며, 올챙이와 송사리부터 모기 애벌레까지 다양하게 사냥한다. 잠자리는 먹이가 되는 곤충들의 숫자를 조절해주는 고마운 존재이다.

남색주둥이노린재 애벌레

다리무늬참노린재

노린재 중에서도 주둥이노린재나 침노린재는 다른 곤충을 잡아먹는 육식성 노린재이다. 특히 나비나 나방 애벌레들을 날카로운 주둥이를 꽂아 체액을 빨아먹고, 메뚜기나 다른 곤충을 사냥하기도 한다. 그래서 이들 노린재는 식물에 많이 발생하는 나방 애벌레 퇴치에 도움을 주기 때문에 잘 활용하면 큰 도움이 될 것이다.

무당벌레 애벌레

주홍좀반날개

무당벌레 무리는 식물의 잎을 갉아먹는 일부를 제외하고 대부분이 진딧물과 깍지벌레를 잡아먹는다. 노랑무당벌레처럼 식물의 균을 먹는 종류도 있어 농사에 적극적으로 활용되고 있다. 겉날개가 짧은 반날개 종류는 죽은 곤충과 죽은 동물의 사체를 먹음으로 환경을 깨끗하게 하고 있다. 송장벌레와 함께 발견되는 경우가 많으며, 생태학, 법의학으로도 많은 도움을 주고 있다.

좀사마귀

넓적배사마귀

사마귀는 잠자리와 함께 해충을 잡아먹는 고마운 곤충이다. 날카로운 앞다리로 사냥을 하며, 앞다리에 한 번 붙잡히면 빠져나오기 힘들다. 따라서 봄에 사마귀 애벌레가 알에서 태어나면, 다른 곤충들에게는 그야말로 나쁜 뉴스가 된다. 요즘은 넓적배사마귀와 항라사마귀 등 사마귀들이 새로운 애완용 곤충으로 떠오르고 있다.

홍다리조롱박벌 　　　　　　　　　　　　호박벌

벌도 사람에게 큰 도움을 준다. 초식성을 제외하고는 다양하게 도움을 주는데, 홍다리조롱박벌처럼 메뚜기나 그 외 곤충을 애벌레 먹이로 삼아 숫자를 조절해주거나 호박벌처럼 꽃에 수분이 이루어지게 함으로 맛있는 과일을 먹도록 도와주는 종류도 있다. 양봉꿀벌처럼 꿀을 제공해주는 벌도 있어 사람에게는 고마운 곤충이다.

누에나방과 고치 　　　　　　　　　　　뿔소똥구리

누에나방과 소똥구리도 사람에게 큰 도움을 준다. 누에나방 애벌레는 과학교재로 사용되고, 번데기는 간식거리가 된다. 번데기가 들어있는 고치는 실을 빼 옷감의 재료가 되기도 한다. 소똥구리와 소똥풍뎅이, 금풍뎅이는 소나 말의 배설물부터 개나 양, 토끼 등 동물의 배설물을 처리함으로 환경을 깔끔하게 정리해준다. 또한 애벌레가 먹고 남은 배설물은 식물이 자라는데 도움이 되는 거름이 되기도 한다.

이처럼 많은 곤충들이 사람에게 도움을 주고 있다. 나비나 장수풍뎅이, 사슴벌레처럼 애완용으로 활용하거나, 반딧불이처럼 정서곤충으로 도움이 되는 등 곤충은 사람과 가까운 존재이다. 그러므로 곤충과 더불어 살 수 있도록 환경을 깨끗이 하는 것이 중요하다.

좌측범잠자리

곤충은 종류가 많은 만큼 사람에게 해를 주는 곤충도 많다. 이것은 사람들이 곤충을 피하고 멀리하게 되는 이유가 된다. 해로운 곤충을 통해 우리는 곤충을 잘 살펴보고 함부로 손대지 않도록 조심해야 할 것이다.

모기   사과독나방 애벌레

모기는 파리, 바퀴벌레와 함께 민가 근처에서 볼 수 있으며, 매년 여름부터 가을까지 모기와의 전쟁을 치른다. 특히 모기는 전염병을 옮기기도 하기 때문에 더 퇴치하려고 한다. 일부 지역에서는 모기가 많은 곳에 잠자리를 방생함으로써 모기를 퇴치하려고 노력한다. 쐐기나방이나 독나방 애벌레는 단순히 식물을 갉아먹는 것에 더해 독을 가지고 있어 쏘이는 경우가 많다. 그러다보니 밖에서 가시가 많거나 털이 많은 나방 애벌레는 피하게 된다.

꽃매미와 소나무허리노린재 역시 꽤 알려진 해충들이다. 꽃매미는 여러 가지로 피하게 되는 곤충이다. 일단, 한 번 발생하면 떼로 발생하고, 긴 뒷다리가 있어 잘 뛰어다니기도 한다. 가죽나무나 포도나무등의 즙을 빨아먹고, 배설물을 뿌리게 되는데 이게 잎과 줄기에 닿게 되면 그을음병을 일으켜 햇빛을 받지 못하게 방해하기도 한다. 이는 곧 식물체를 말라죽게 하는 원인이 된다. 또한 꽃매미는 포도밭에 침투하여 포도농사를 망치기도 해서 농가에서는 요주의 곤충이 된 지 오래다.

<table><tr><td>꽃매미</td><td>소나무허리노린재</td></tr></table>

소나무허리노린재는 외래곤충인데 한국에 유입된 이후로 어린 솔방울에 직접적으로 피해를 주고 있다. 어린 소나무의 즙을 빨아먹어 낙과시켜 솔방울이 생기는 것을 방해하고 있으므로, 여러 지역에서 방역에 집중하고 있다.

<table><tr><td>얼룩송곳벌</td><td>사시나무잎벌레</td></tr></table>

일부 송곳벌 종류는 먹이식물이 되는 나무줄기에 산란 하게 되는데, 애벌레들은 식물의 줄기를 파먹어 약해지게 만든다. 잎벌레 종류는 여러 가지 활엽수 잎을 갉아먹어 피해를 준다. 사시나무잎벌레는 사시나무나 은사시나무를, 버들잎벌레는 수양버들이나 버드나무 등에 발생하여 나무를 완전히 초토화시키기도 한다.

<table><tr><td>톱다리개미허리노린재</td><td>노랑털알락나방 애벌레</td></tr></table>

톱다리개미허리노린재는 해충으로 유명하다. 콩과식물을 먹이로 삼는데, 여러 종류의 콩을 해치는 주범이기 때문이다. 콩밭에 대발생하기도 하고, 잘 날기도 하여 여기저기 앉아 식물의 즙을 빨아먹는다.

노랑털알락나방은 조경수로 심는 사철나무의 대표적인 해충이다. 대발생하여 잎을 갉아먹고, 실을 타고 내려오기도 하는데, 지나가는 사람의 옷이나 모자에 떨어지기도 한다. 퇴치도 쉽지 않아, 알로 겨울을 지내는 노랑털알락나방은 알을 나뭇가지에 수십개에서 수백개를 낳고 그 위를 자신의 털로 덮는다. 이렇게 하면 나뭇가지와 색이 비슷해져 찾아내기가 어렵다. 그래서 이런 나방이 발생하면 방역을 통해 퇴치하는 방법이 주로 사용된다.

활엽수에 대발생한 나방 애벌레

개나리 잎을 먹는 개나리잎벌 애벌레

이렇게 해충의 대부분은 사람과 직간접적으로 연관된 식물들을 해치고 있다. 앞서 언급한 모기나 파리 뿐 아니라, 등에, 개미, 말벌 등 인체에 직접적으로 피해를 주는 곤충들도 있다. 그러나 해충을 방제하기 위한 여러 방법이 많고, 이들 곤충을 잡아먹는 천적곤충을 활용하는 방법도 있다.

곤충은 생태계의 큰 부분을 차지하고 있고 환경에 영향을 받고 있으므로, 조심스럽게 다가가도록 노력하고 관찰해야 한다. 때로는 살짝 뒤로 물러나 그들의 삶을 응원해줄 필요도 있을 것이다. 그렇게 하면 곤충은 단순히 멀리할 것이 아니고 함께 살아가는 동반자로 대해주면 좋을 것 같다.

넓적사슴벌레

*서적　『외래곤충과 먹이식물』 김동언, 길지현(2013)

　　　　『한반도 나비도감』 백문기, 신유항(2014)

　　　　『처음 만나는 곤충이야기』 개정증보판 김진(2015)

　　　　『하늘소 생태도감』 장현규, 이승현, 최웅(2015)

　　　　『화살표 곤충도감』 백문기 (2016)

　　　　『한국 육서 노린재』 안수정, 김원근, 김상수(2018)

　　　　『위해우려 외래곤충 100종』 김동언, 이희조, 김미정 등(2018)

　　　　『주머니 속 메뚜기도감』 김태우(2019)

　　　　『사슴벌레 도감』 김은중, 황정호, 안승락(2019)

　　　　『한국 나비 애벌레 생태도감』 이상현(2019)

　　　　『The Book of Beetles』 Patrice Bouchard(2014)

　　　　『Monograph of Korean Orthoptera』 S.Y. Storozhenko, 김태우, 전미정(2015)

*논문　《줄녹색박각시 생활사에 관한 연구》 여상덕(1995)

　　　　《A study of the arrangements of wing and thoracic muscular structures on flight behavior of Odonata, with a note on backward flight of Zygoptera》 정광수, 박동하, 이종은(2012)

　　　　《유리알락하늘소를 포함한 14종 하늘소의 새로운 기주식물 보고 및 한국산 하늘소과(딱정벌레목: 잎벌레상과)의 기주식물 재검토》 임종옥, 정수영, 김경미 등(2014)

*사진　공작나비, 청띠제비나비 애벌레, 나도밤나무 여환현

　　　　뿔잠자리애벌레, 길앞잡이 애벌레 박지환

*세밀화　은날개녹색부전나비 애벌레 손상규(1999)

08 · 우리나라 주요 곤충전시관 & 박물관

1. 만천곤충박물관

(http://www.dryinsect.co.kr/)

📍 서울 영등포구 영등포로 180　☎ 02-2675-8724

2. 충우곤충박물관

(http://www.stagbeetles.com/)

📍 서울 강서구 강서로 139　☎ 02-2601-3998

3. 양평곤충박물관

(https://www.yp21.go.kr/)

📍 경기 양평군 옥천면 경강로 1496 양평환경사업소　☎ 031-775-8022

4. 여주곤충박물관

(https://여주곤충박물관.kr/)

📍 경기 여주시 명품로 308-28　☎ 031-885-1400

5. 영월곤충박물관

(http://www.insectarium.co.kr/)

📍 강원 영월군 영월읍 동강로 716 동강생태공원　☎ 033-374-5888

6. 구리곤충생태관

(http://www.guri.go.kr/)

📍 경기 구리시 수택동 89　☎ 031-550-2586

7. 불암산나비정원

📍 서울 노원구 한글비석로12길 51-27　☎ 02-936-0900

8. 이화원 나비스토리

📍 경기 가평군 가평읍 자라섬로 64　☎ 031-581-0228

9. 봉무나비생태원

(http://www.nabipark.or.kr/)

📍 대구 동구 팔공로50길 66　☎ 053-662-3548

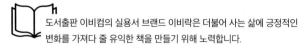

도서출판 이비컴의 실용서 브랜드 이비락은 더불어 사는 삶에 긍정적인 변화를 가져다 줄 유익한 책을 만들기 위해 노력합니다.

원고 및 기획안 bookbee@naver.com